INTRODUCTION.

Lorsque les fabulistes mirent en scène les animaux, ils leur prêtèrent un rôle qui n'appartenait qu'à nous ; les animaux y gagnèrent de paraître un peu plus vicieux qu'ils ne le sont en réalité.

Cependant la morale, ou si l'on aime mieux, le bout de l'oreille trahissait à chaque instant *l'incognito* de notre nature, et chacun se prenait à rire ou à bouder, les uns parce qu'ils aiment la parodie, les autres parce qu'ils accueillent toujours mal un bon conseil ; cependant il y avait bien une troisième espèce qu'on pourrait appeler *militante*. Cette espèce se compose de gens qui veulent atteindre le perfectionnement et qui le cherchent ; ceux là prenaient *la fable* au sérieux et se l'appliquaient au besoin.

Mais nous croyons qu'il y avait moyen de rendre plus utile cette intervention des animaux sans leur faire subir la triste responsabilité de nos fautes, en leur laissant à peine le bénéfice de quelques unes de nos vertus. Ce n'est pas que nous veuillons faire de la justice distributive à l'égard des animaux. Cependant nous sommes persuadés qu'il eût été de bonne leçon de choisir pour nous les présenter sous un point de vue moral, ceux d'entre eux qui ont pu mériter notre admiration et piquer le plus notre curiosité; il fut résulté de cette étude que les nobles passions et les sentimens généreux ne sont pas seulement de sages préjugés qu'il est bon d'entretenir, mais qu'au contraire ils ont dans la nature un type primitif qui se retrouve comme certains organes essentiels, dans un très-grand nombre d'individus, lesquels, pour ne point appartenir à une même classe, n'en sont pas moins liés les uns aux autres par des rapports de transition. A ne considérer que le règne animal, le seul qui nous offre le phénomène de l'intelligence, n'est-il pas vrai que depuis le grossier mollusque jusqu'à l'homme si parfait, la nature n'ait semblé pouvoir atteindre la perfection de la forme que par des efforts successifs dont chaque individu nous est demeuré comme les signes intermédiaires que le savant jette sur le papier pour trouver l'*inconnu* d'une proposition algébrique. Ce que nous disons de l'ordre matériel, nous pouvons le dire aussi de l'ordre moral ; il y a connexion entre la sensibilité, qui est pour ainsi dire, le seul acte spontané de la matière, et l'instinc qui se trompe plus rarement que l'intelligence, mais qui ne sait pas comme elle, apprécier et juger. Toutefois les différens exemples que nous produirons dans cet ouvrage nous feront connaître que si cette assertion est vraie en général, les exceptions ne lui manquent pourtant pas. Ainsi nous verrons chez quelques animaux, quelque soit du reste leur conformation physiologique, un instinc si prodigieux qu'il serait difficile de n'y point voir quelqu'intelligence. Quoiqu'il en soit, ce qu'il nous importe surtout de prouver, c'est qu'en fait de leçons les animaux peuvent nous en donner de fort utiles.

Nous ferons tous nos efforts pour que ce recueil d'anecdotes compose un livre à la fois utile par son enseignement moral, agréable et récréatif par le choix comme par la piquante variété de ses sujets. Au reste nous sommes convaincus que nous réussirons à instruire si nous trouvons le moyen de plaire ; nous donnous parole à nos lecteurs de ne négliger ni l'un ni l'autre.

LES ANIMAUX CÉLÈBRES.

LES ABEILLES INTELLIGENTES.

Nous savons d'avance que nous n'avons point à lutter contre de fâcheuses préventions, car les abeilles jouissent d'une grande publicité d'instinc dont on accepte les merveilles avec une flatteuse crédulité. Cependant loin de vouloir profiter de cette heureuse disposition, nous croyons devoir avertir nos lecteurs que nous ne citerons que des faits authentiques, car bien que notre intention soit d'amuser, nous voulons avant tout tâcher d'instruire.

Ce fut un singulier spectacle de voir M. Wildmann, de Plymouth, venir à la société des arts, avec trois essains d'abeilles, qu'il portait, les unes groupées sur son visage et sur ses épaules, les autres entassées dans ses poches.

Je ne sais point s'il est aucun de ceux qui m'écoutent qui ne regarde cela comme déjà passablement curieux, mais qu'il attende encore un peu pour manifester son étonnement. Comparativement à ce qu'il va suivre, ceci n'est pas plus merveilleux que de voir des acteurs entrer sur le théâtre. Cependant je puis bien vous assurer que les spectateurs ouvraient déjà de grands yeux. Je crois même que l'amour propre des abeilles dut en souffrir, car pour peu qu'elles nous ressemblent, elles durent être fâchées qu'on n'eût pas mieux présumé de leur intelligence.

M. Wildmann, qui jouissait de l'attention des témoins qu'il avait captivée par cette espèce de mise en scène, fit placer les ruches de ses abeilles dans une salle voisine de l'assemblée, puis un instant après il donna un coup de sifflet. D'abord on eût pu croire qu'il sifflait l'attention publique, mais personne n'y songea et toute la salle fut subitement remplie d'un murmure d'admiration ; les abeilles avaient compris le signal et s'étaient toutes enfuies dans leurs ruches. Les spectateurs croyaient avoir tout vu.... et leur admiration n'eut plus de bornes, quand à un second coup de sifflet les Abeilles se hâtèrent de sortir pour venir se placer comme auparavant les unes sur la figure, sur les épaules, les autres dans les poches de leur habile précepteur. La Société d'Agriculture se crut obigée d'accorder un prix à M. Wildmann, à cause de la singularité du fait.

Le 4 juin 1734, il fit en présence du Stathouder et de la princesse royale son épouse, des expériences remarquables sur l'éducation de ces insectes. En moins de deux minutes il apprit à un de ses essains d'abeilles tout entier à se poser sur le chapeau d'un spectateur qu'il leur désigna, puis il les fit venir sur son bras nu, où elles formèrent une espèce de manche, de là il leur prescrivit de se ranger autour de sa tête et de son visage quelles enveloppèrent comme d'un casque à visière.

Un instant après, affectant les formes impératives d'un général qui commande, il leur ordonna de se diviser en régimens, en bataillons et en compagnies. Vous les eussiez vues alors manœuvrant avec précision selon toutes les règles de tactique, former des files régulières de soldats, attendre le commandement et partir avec ordre, quand s'animant de son rôle et croyant peut-être à son génie militaire, M. Wildmann prononçait avec fierté, *en avant marche*. Cet homme vraiment prodigieux se faisait également obéir des Guêpes et de toutes les autres mouches avec un égal succès.

LES ABEILLES RECONNAISSANTES.

La reconnaissance est semblable à la mandragore; nombre de personnes en savent des merveilles, mais peu les ont vues opérer. Voilà pour les hommes; voyons maintenant pour les animaux; s'ils ne sont point autant que nous, doués d'une intelligence progressive, ils ont au moins une persévérance d'instinct qui les maintient dans les conditions d'une juste harmonie. Peu capables de grandir, ils peuvent encore moins se ravaler, et si la nature leur confie une belle qualité, ils la conservent, l'augmentent quelquefois, ne la détériorent jamais. Le trait que nous allons citer, prouve qu'il n'y a pas seulement de l'intelligence chez les abeilles, mais qu'elles sont encore susceptibles des plus beaux penchans, et de la reconnaissance particulièrement.

Une vieille dame, femme de distinction, vivait dans un petit bien aux environs de Nantes; c'était là sa maison des champs, et, comme on le dit à présent, sa chère *ville*, tant que duraient les feuilles, les fleurs et le beau temps; le reste de l'année, elle le passait à la ville, attendant le retour de la belle saison, et donnant des regrets à ses feuilles, à ses fleurs et à ses abeilles; car elle avait une grande affection pour les abeilles, dont elle avait composé plusieurs colonies dans ses jardins. Il n'était pas de plaisir de leur goût, de petite friandise, qu'elle ne leur prodiguât avec empressement et même avec tendresse. Les fleurs qu'elles aimaient davantage, se trouvaient placées avec privilège dans presque tous les endroits; les ruches, à qui cependant elle avait su conserver leur physionomie champêtre, n'avaient point échappé à quelques ornemens de pure coquetterie. Puérilité! enfantillage! appelez cela comme vous voudrez, mais elle était heureuse.... heureuse d'un bonheur qui ne coûtait aucun remords!

Cependant, dans les derniers jours du mois de mai, elle fut prise d'une maladie qui la força de retourner à Nantes, où elle mourut peu après. Le jour de sa mort, le jardinier s'aperçut que toutes les abeilles avaient déserté, et qu'aucune d'elles n'était demeuré dans les ruches. Son inquiétude fut extrême, et il lui tardait bien d'en faire avertir sa maîtresse, lorsque quelqu'un de la ville vint lui apprendre qu'elle n'était plus, et qu'un essain d'abeilles avait entouré son cercueil, qu'il n'avait voulu quitter qu'au moment de l'inhumation. Pendant ce temps-là peut-être, quelque domestique se réjouissait de la mort d'une maîtresse qui lui laissait une pension! Oh! espèce humaine, est-ce là une bonne leçon?

LES AIGLONS D'ÉSOPE.

Le roi d'Egypte, Necténabo, défia Lycérus, roi de Babylone, de lui envoyer des architectes qui sussent bâtir en l'air; c'était entre les rois d'alors un amusement d'esprit, de se proposer des problêmes à résoudre, à la condition d'un tribut ou d'une amende, selon qu'ils répondaient ou ne répondaient pas aux questions qui leur étaient soumises. Celle-ci était embarrassante, et comme l'intelligence des sages de ce temps-là se prêtait à tout, les plus célèbres d'entre eux furent appelés à donner leur avis ; aucun d'eux ne répondit. Le plus rusé des bossus, Ésope, qui avait toujours une ruse dans sa gibecière, ne voulut point qu'il fût dit qu'il était demeuré court devant une difficulté. Il choisit un certain nombre d'aiglons, et les fit instruire à porter en l'air chacun un panier, dans lequel se trouvait un jeune enfant armé d'une truelle. Le printemps venu, il alla trouver le roi d'Egypte, lui annonçant qu'il avait résolu le problême, et qu'il le priait, lui et toute sa cour, de l'accompagner en pleine campagne. Ce qui fut dit, fut fait : à un signal donné, les aiglons prirent leur essor, emportant dans leurs paniers, les enfans qui crièrent de toute leur force : du mortier ! des pierres ! donnez-nous du mortier et des pierres ! « Vous voyez, dit Ésope à Necténabo, que je vous ai trouvé des ouvriers ; fournissez-leur des matériaux. » Le roi d'Egypte avoua que Lycérus avait gagné.

L'AIGLE DE SESTOS.

L'aigle, ce rude tyran, qui se plait à déchirer des chaires palpitantes, n'est pourtant pas si cruel qu'il n'ouvre son cœur à cette douce aménité que l'on trouve si souvent chez les oiseaux domestiques. L'histoire que nous allons raconter témoignera de sa reconnaissance.

Une jeune fille de Sestos avait pris plaisir à élever un aigle qu'elle avait choyé des soins les plus affectueux. Le noble oiseau n'en perdit point la mémoire. Les services rendus sont humilians pour ceux qui les oublient. Aussitôt qu'il fut devenu grand, il essaya de s'acquitter auprès de sa jeune maîtresse, cette fille si bienfaisante et si bonne, qui n'avait pas attendu pour l'aimer qu'il ressemblât à l'oiseau de Jupiter, par l'éclat de ses plumes noirs et sa pose de demi-dieu. D'abord il lui apporta tous les oiseaux qu'il prenait à la chasse, ensuite force gibier et grand butin d'animaux de toute sorte. Dans cet intervalle la jeune enfant vint à mourir, et comme les flammes du bûcher commençaient à dévorer son corps, l'aigle, plein de désespoir, s'abattit sur le feu et se laissa brûler avec elle.

En mémoire de cet événement, les habitans de Sestos élevèrent en cet endroit un temple qui fut consacré sous ce nom dédicatoire : *Temple de Jupiter et de la Vierge*, parce que l'aigle est l'attribut de Jupiter.

On dit aussi qu'à la mort du roi Pyrrhus un aigle que ce prince avait élevé lui-même, se laissa mourir de faim et de douleur.

L'ANE D'AMMONIUS.

Nous ne ferons point remarquer que lorsque le savant Origène et le subtil Porphyre assistaient aux brillantes leçons du docte Ammonius, ils avaient pour compagnon et condisciple, l'âne même de leur maître ; cela ressemblerait d'abord à une méchanceté, et pour peu qu'on soit dans l'habitude de voir seulement trois savans, on pourrait y trouver une allusion. Dieu nous garde de provoquer pareille calomnie ! D'ailleurs, l'âne dont il s'agit est de l'espèce de ceux à qui l'on doit épagnorder la paille s'il arrive qu'elle leur déplait.

Cet âne, dont parle Bayle dans son dictionnaire historique, était remarquable par son goût merveilleux pour la poésie. C'était au point qu'on ne pouvait interrompre son attention ni par des caresses, ni par les appas de la nourriture, lorsqu'il écoutait la lecture d'un poème ; son goût à juger les vers était parfait. Les trouvait-il bons, il en témoignait sa joie par d'énergiques approbations; au contraire, les trouvait-il mauvais, sa critique n'était ni moins franche ni moins expansive : il s'agitait avec impatience et secouait les oreilles avec mécontentement. Vous conviendrez qu'il eût pu, sans impiété, contester au dieu Apollon, l'apropos qu'il crut faire en changeant les oreilles de Midas en oreilles d'âne, parce que le roi avait préféré la musique du dieu Pan à la sienne. Au reste, Dieu a bien fait tout ce qu'il a fait : car, que deviendraient nos grands hommes du moment si tous les ânes se prenaient à secouer les oreilles à la façon de celui d'Ammonius ?

LES ANES AMATEURS DE MUSIQUE.

On lit dans le *Mercure de France* de l'année 1769, qu'un jeune âne ne manquait jamais d'aller prendre sa part d'harmonie aux concerts que l'on donnait fréquemment au château d'Ouorville dans le pays Chartrain.

Aussitôt que les premières notes commençaient à se cadancer sur les instrumens, on voyait l'âne s'approcher avec une grave satisfaction du bord de la fenêtre, et selon que la musique lui plaisait ou non, il se montrait satisfait ou impatienté avec le même aplomb que nos exercés *dilettanti*. Il aimait particulièrement les morceaux les plus simples ; la musique à grand effet ne lui plaisait pas, et il affectait de se retirer comme pour témoigner son dédain. Avis aux directeurs d'opéra ! C'est un âne de bon sens qui le leur donne. Mais ce qui lui plaisait davantage, c'était la voix de la maîtresse de la maison qui, d'ailleurs, était très-remarquable. Il paraissait comme fasciné, et l'on eût dit que, suivant les spirales de la voix de cette dame, il en recueillait les plus tendres émotions. Entre tous les différens genres il préférait la romance et la vive ariette. Un jour enfin que l'on chantait un duo, il en fut tellement électrisé qu'il se précipita dans le salon. Son compliment d'entrée fut de braire de toute ses forces, pour exprimer qu'il était content des deux virtuoses.

En général, on a remarqué que presque tous les animaux aiment la musique et qu'ils la recherchent : Torentius Varron dit, qu'étant un jour chez Hortensius avec plusieurs de ses amis, on leur servit à dîner sur une petite hauteur, au milieu du parc. « Nous étions à table, ajouta-t-il, lorsque notre hôte fit appeler un homme qui arriva, un cystron à la main ; dès qu'il eut reçu l'ordre de chanter, il emboucha une trompette, et aussitôt nous fûmes environnés d'une si grande multitude de serfs, de sangliers et d'autres quadrupèdes, que ce spectacle ne me parut pas moins magnifique que ceux que donnent les édiles dans le grand cirque. »

L'ANE DE BEAUMARCHAIS

Un pauvre âne, chargé de légumes, oreilles basses, les os saillans, la peau à demi tannée, se tenait arrêté devant la porte de l'auteur de

Figaro, attendant que sa jeune maîtresse eût servi quelques bonnes du quartier; lui, pendant ce temps-là, pauvre âne qu'il était, il rongeait une borne en bois et tirait quelques brins de paille des sabots de la jeune fille, tant la faim le tourmentait cruellement. Beaumarchais en fut ému de pitié, et il envoya un de ses domestiques acheter quelques légumes à la jeune villageoise, puis faisant approcher l'animal de la grille de sa maison, il lui donna lui-même une botte de foin. Le pauvre âne ne se sentit pas de joie et de reconnaissance, le bonheur des pauvres est à si bon marché !

Quelques années après, un des voisins du poëte vint l'avertir qu'il était désigné comme suspect et qu'une visite domiciliaire devait avoir lieu chez lui. Fuyez, ajoutait-il, si vous ne voulez point être arrêté.

Cependant Beaumarchais prend du temps, il hésite, il espère ; l'espérance est souvent une trahison : déjà les sbires ont investi sa maison... plus de fuite possible ! il se cache dans une armoire. Les cannibales s'irritent, ils flairent partout, ils veulent leur proie.... une clé tourne dans la serrure de la cachette de Beaumarchais, la porte s'entr'ouve.... il est sauvé : *on doit revenir ce soir*, lui dit-on à voix basse, *tâchez de ne pas les attendre.* La personne qui venait lui porter cet avis était un de ses amis les plus sincères, qui s'était mêlé aux sbires pour tâcher de lui être utile. A peine sa maison fut-elle libre, que Beaumarchais s'esquiva par le jardin. Mais que deviendra-t-il? la nuit est noire, les patrouilles sont actives, toutes les portes sont fermées, et une horrible pluie bat les murailles de sa froide ondée. Certes, le plus sûr pour lui était de sortir de Paris et ce ne fut pas sans beaucoup de peine qu'il y parvint. Heureusement il peut se glisser par une barrière mal gardée. Le voilà dans la campagne, il ne craint plus les patrouilles, oui, sans doute; mais que deviendra-t-il encore? car là aussi la nuit est noire, les portes sont fermées et la pluie tombe avec abondance. « A d'autres, lui dit-on quand il frappe à une porte; passez votre chemin. » Enfin, il allait frapper de nouveau, se promettant bien que ce serait là son dernier effort, si on lui refusait un asyle, lorsqu'une jeune fille, passant la tête hors de la croisée, s'écria avec transport : Oh! mon père! ouvrez, ouvrez vîte; c'est le bon monsieur qui a donné du foin à notre âne. La porte s'ouvrit, et le lendemain Beaumarchais alla voir son âne qui le reconnut et lui donna les témoignages d'une vive reconnaissance.

ANGUILLES SACRÉES.

Le paradis des Égyptiens est bien véritablement un musée d'animaux dont le mot *Dieu* est, pour ainsi dire, le terme générique de toutes les espèces.

Quel animal en effet n'a point reçu de ce peuple théophile les honneurs de l'apothéose et l'encens des autels? Les anguilles n'eurent pas la moindre part de son affection religieuse. On rapporte qu'ils en élevaient dans des viviers, où des prêtres, voués à leur culte, leur apportaient chaque jour et les hommages du peuple et des entrailles d'animaux mêlés avec des tessons de fromage. Ces anguilles devenaient très-familières et faisaient assez bon marché de leur divinité, pour manger jusque dans la main de ceux qui leur offraient de la nourriture. Du reste, on les traitait en grandes dames en les parant de bijoux très-précieux. On a trouvé depuis de petits colliers d'or, enrichis de pierres très-rares et portant une inscription hiéroglyphique, gravée sur le fermoir. Toutes ces pieuses minauderies formaient une religion de passe-temps qui ne manque pas d'une certaine originalité piquante.

L'ARAIGNÉE DE PÉLISSON.

Fouquet, le sur-intendant des finances du roi Louis XIV, avait fait jeter Pélisson dans un des noirs cachots de la Bastille. Le billet de faire part de toutes les disgrâces était ordinairement un

2.

mandat de réclusion dans cette affreuse Babel, où toutes les langues de malheur se confondaient. Or donc pour avoir déplu à son excellence, Pélisson vit les portes de ce nouveau Tartare se fermer sur lui. Plus tard, la révolution devait éventrer de sa hâche l'affreux minotaure et ce fut un déchirant spectacle de voir au grand soleil les victimes palpitantes que le monstre n'avait pas encore consommées ; le ministre avait ordonné qu'on ne laissât à Pélisson d'autre compagnie que celle d'un basque qui jouait de la musette. Le prisonnier remarqua, non sans étonnement, qu'une araignée venait sur le bord de sa toile toutes les fois que cet homme commençait à jouer de son instrument. Il forma le dessein de l'apprivoiser pour distraire ses ennuyeux loisirs. Il prit une mouche et la mit sur l'industrieux filet de l'animal, puis il ordonna à son basque de tirer quelques sons ; l'araignée sortit et s'empara de la proie qu'on lui offrait ; il usa de ce procédé tant et si bien qu'elle s'apprivoisa au point de venir prendre une mouche au fond de la chambre et jusque sur les genoux de son pourvoyeur. Le gouverneur de la bastille vint un jour visiter Pélisson et lui demanda quelles étaient ses occupations. « Vous allez le voir, lui répondit celui-ci, trop confiant et peut-être trop fier de son œuvre, puis donnant aussitôt son signal en musique, il fit venir l'araignée jusque dans sa main. Le gouverneur, homme brutal, comme il en faut aux tyrans, parce qu'ils ne négligent rien pour torturer, frappa sur la main de son prisonnier, fit tomber l'insecte et l'écrasa. « Ah! monsieur, s'écria Pélisson, j'aurais mieux aimé que vous m'eussiez cassé le bras. » Il eut tort d'en convenir, car l'intendant dut se réjouir d'avoir fait une méchanceté à propos.

TENDRESSE DE L'ARAIGNÉE - LOUP.

L'araignée-loup (ainsi nommée par Lister), renferme ses œufs dans une espèce de sac ou de bourse dont le tissu est fort serré ; elle attache ensuite cette enveloppe à l'extrémité de son corps, au moyen du suc glutineux qu'elle exprime de ses mamelons. Dans la vue de mettre à l'épreuve la tendresse singulière de cette araignée pour ses œufs, dit *Bonnet*, dans son insectologie, il me vint en penser d'en jeter une des plus sauvage dans la fosse d'un grand fourmillon. Elle se tira bientôt du précipice, et remonta avec agilité au haut de la fosse. Je l'y précipitai de nouveau : le fourmillon, plus leste cette fois que la première, saisit avec ses cornes le sac nuageux, et l'entraînait sous le sable pour en faire curée. De son côté l'araignée s'efforçait de tirer à elle le sac et de l'enlever au ravisseur invisible qui s'en emparait. L'espèce de glu qui collait le sac au derrière de l'araignée, ne put tenir contre des secousses aussi violentes; le sac se sépara du derrière ; mais l'araignée le reprit aussitôt avec ses pinces et redoubla ses efforts pour l'arracher au fourmillon. Ce fut en vain, le fourmillon continua à entraîner le sac sous le sable : l'infortunée mère pouvait au moins dérober sa vie à l'ennemi ; elle n'avait qu'à lâcher le sac et regagner le haut de la fosse ; mais chose étonnante ! elle préféra de se laisser enterrer toute vivante.

Comme le sable me cachait ce qui se passait, je voulus en retirer l'araignée, pour m'assurer si elle tenait encore le sac aux œufs. Mais je m'y pris sans doute avec trop peu de ménagement ; le sac demeura au fourmillon. La tendre mère, privée de ses œufs, ne voulut point quitter la fosse où elle venait de les perdre. J'avais beau la piquer à plusieurs reprises, avec le bout d'un brin de bois, pour l'obliger à sortir de la fosse ; elle s'opiniâtrait toujours à y demeurer. Il semblait que la vie lui fût devenue à charge, et qu'il n'y eût plus pour elle de plaisir à espérer. Cependant il y a parmi les femmes, des mères infanticides !....

L'ARAIGNÉE MUSICIENNE ET L'ARAIGNÉE GASTRONOME.

Un professeur de dessin à l'école royale d'Orléans, M. Rabigot, peintre d'un assez beau talent qui lui valut beaucoup d'estime, était venu se choisir un appartement sur le quai Bourbon, dans l'île Saint-Louis, à Paris.

Le soir de son arrivée, quelques minutes après s'être levé de table, il entend de son salon la bonne pousser un cri perçant, dans la salle à manger ; il accourt, dans la crainte qu'il ne lui soit arrivé un malheur. « Oh ! Monsieur, dit-elle, voyez-vous cette affreuse araignée qui entre dans la boiserie ? Mon Dieu ! comme elle m'a fait peur. Lorsque je suis venue pour enlever le couvert, j'ai vu quelque chose de noir et d'assez gros qui se promenait sur la nappe, d'un plat à l'autre. Au peu de bruit que j'ai fait, elle s'est mise à se sauver, et c'est alors que j'ai eu peur et que j'ai crié, parce que j'ai reconnu que c'était une araignée. »

M. Rabigot se prit à rire, et se promit bien de faire la connaissance de cette araignée, qui était venue déguster ses plats, comme pour prendre note de ses goûts gastronomiques ; qui sait, dit-il en plaisantant, si ce n'est point Arachnée occupée en ce moment à faire des recherches sur la cuisine moderne, comparée à la cuisine des anciens. La fille d'Idmon se souvient peut-être encore de la table de son père.

Le lendemain soir, après le souper, tout le monde songeant à l'histoire de la veille, se mit à regarder du côté de la boiserie. L'araignée se tenait sur le bord du trou et semblait attendre l'instant où l'on se lèverait de table. « Prenez soin de ne pas lui faire peur, dit M. Rabigot, et sortons de la salle à manger ; nous pourrons la voir agir à travers la porte vitrée que voilà. » Un instant après, l'araignée n'entendant plus de bruit, descendit le long de la boiserie, s'arrêtant quelquefois comme pour écouter, puis enfin elle se plaça sur la table ; elle parut être alors en plus grande sécurité, semblable peut-être à ces gens à qui la préoccupation du dîner en enlève toute autre. Vous l'eussiez vue la parcourir d'un bout à l'autre, goûtant ce qui était sur les assiettes, s'arrêtant à ce qui lui convenait, et laissant ce qui ne lui revenait pas. M. Rabigot donna ordre qu'on n'ôta désormais le couvert que le lendemain matin, afin de lui laisser faire ses repas avec loisir. Elle ne manquait pas de venir tous les soirs et à la même heure, prendre la part du souper qu'on lui réservait. Voulait-on varier le spectacle, on laissait sur la table une grosse mouche, la plus forte que l'on pût trouver. Le combat s'engageait, et souvent la victoire était balancée ; mais, à la fin, l'araignée sortait toujours victorieuse de la lutte, à peu près comme les enfans de Bellone, qui ne perdirent jamais une bataille.

L'autre araignée plus familière encore fut découverte par mademoiselle Olympe Rabigot. Je crois vraiment que cette maison était le pied à terre des personnages les plus distingués de la gent araignée qui s'y rendaient *incognito* pour agiter des questions d'état; ce qui semblerait le prouver, c'est qu'ils y faisaient toute autre chose. Ainsi, la première faisait de bons diners ; la seconde s'occupait de musique comme nous allons le voir.

Un jour que mademoiselle Olympe jouait du piano devant un portrait en pied de sa mère, qui se trouvait placé au-dessus de l'instrument, elle aperçut une araignée grise d'une moyenne grosseur qui descendait doucement le long du cadre. Elle s'interrompit pour appeler son père ; l'araignée remonta dès lors au haut du tableau, mais aussitôt que la musique recommença elle reparut et descendit un peu plus bas que la première fois. Le lendemain elle s'approcha davantage et continua de même chaque jour, jusqu'au point de descendre sur le piano où elle restait immoblile sans qu'on pût la distraire et l'arracher au charme de la musique, en lui jetant des mouches ou en lui présentant toute autre friandise. Ces deux araignées s'étaient fait une place indispensable dans les affections de cette famille. Aussi lorsque M. Rabigot fut sur le point de quitter cet appartement, chercha-t-il à les emmener toutes les deux. Pendant que celle de la salle à manger était sur la table, on boucha le trou de la boiserie où elle se réfugiait, mais lorsqu'on essaya de la prendre, elle s'enfuit dans un autre endroit. Le lendemain on attendait qu'elle en sortît : hélas ! une indiscrétion peut nous coûter un ami, l'araignée ne revint plus.

Ce qu'il y a de singulier c'est que celle du salon prit congé au même instant. On eut beau secouer le tableau derrière lequel elle se tenait cachée, on ne put venir à bout de la retrouver. Étaient-elles donc deux amies ou deux sœurs qui veillaient sur la liberté l'une de l'autre ? Avaient-elles l'habitude de parler ensemble musique et gastronomie ?

L'intendant de madame de Vendôme raconte qu'un jour où il s'ennuyait, il s'avisa de jouer du violon pour se distaire, et qu'il fut bien étonné de voir des araignées accourir en foule autour de lui pour l'écouter. Il prenait plaisir à les tromper quelquefois, c'est ainsi qu'il cessait de jouer subitement ; alors les araignées se disposaient à s'en retourner, prenant chacune la direction de son trou ; mais lui, se remettait à jouer et chacune d'elles, oubliant peut-être ses devoirs domestiques, revenait écouter le musicien qui l'enchantait.

DÉVOUEMENT D'UNE BALEINE.

Le trait suivant, que Goldsmith donne pour très-authentique, pourra servir à nous confirmer que l'amour maternel est très-actif chez les animaux : rarement a-t-il une aussi grande énergie chez les individus de notre espèce, que la nature appelle à produire.

Une Baleine et son petit étaient entrés dans un bras de mer; tous les deux, trop confians dans les eaux, n'avaient pas su prévoir le reflus qui les y laisse bientôt enfermés. Le peuple du rivage, voulant profiter du butin que le hasard lui envoyait, arme quelques chaloupes de diverses instrumens, et se mit à attaquer les deux animaux le plus vigoureusement possible. Déjà les flots étaient teints de leur sang et les assaillans ne ralentissaient point leurs efforts. Cependant, après de vigoureuses secousses, long-temps inutiles, la mère parvint à franchir le bas-fond. Elle eut pu gagner le large en donnant quelques regrets à un fils qu'elle n'avait pu sauver, reprendre l'empire des eaux et régner en souveraine. Mais une mère est-elle ambitieuse au prix de ses affections les plus tendres. La Baleine voyant que son petit succombait infailliblement, ne voulut point d'une existence qu'il ne partagerait pas; dans son désespoir de mère, elle s'élance de nouveau dans le bas-fond, résolue de mourir avec lui. Mais l'heure de la marée étant venue, le peuple se dispersa, et les deux animaux furent sauvés.

BELETTES PRIVÉES.

On lit dans une lettre de mademoiselle De-
laistre, des détails très-piquans sur l'éducation
et les mœurs d'une Belette qui lui avait appar-
tenue. Au reste le document que nous donnons
a été publié.

Les deux premiers jours, dit-elle, je la
nourris de lait chaud, mais jugeant qu'il lui
fallait des alimens qui eussent plus de con-
sistance, je lui présentai de la viande crue,
qu'elle mangea avec plaisir; depuis elle a vécu
de bœuf, de veau, ou de mouton indifférem-
ment, et s'est privée au point qu'il n'y a pas
de chien plus familier; ma chambre est l'endroit qu'elle habite; par des parfums, j'ai trouvé
moyen de chasser son odeur. La nuit je la
mets dans une boîte grillée; toujours elle entre
avec peine et sort avec joie; si on lui donne
la liberté avant que je sois levée, après mille
gentillesses qu'elle fait sur mon lit, elle y entre
et vient dormir dans ma main; suis-je levée
la première, pendant une demi-heure elle me
fait des caresses, saute sur ma tête, sur mon
cou, tourne autour de mes bras, de mon corps
avec une légèreté et des agrémens que je n'ai
vus à aucun des quadrupèdes; je lui présente
les mains à plus de trois pieds, elle saute
dedans sans jamais manquer.

Au milieu de vingt personnes, ce petit animal distingue ma voix et saute par-dessus tout le monde pour venir à moi. Son jeu avec moi est plus gai, ses caresses sont plus pressantes ; avec ses deux petites pattes il me flatte le menton avec une grâce et une joie qui peignent le plaisir ; je suis la seule qu'il caresse de cette manière, mille autres petites préférences me prouvent qu'il m'est réellement attaché.

Une singularité de ce petit animal, est sa curiosité : je ne puis ouvrir une armoire, une boîte, regarder un papier, qu'il ne vienne regarder avec moi ; si pour me contrarier, il s'écarte ou reste dans quelques endroits où je crains de le voir, je prends un papier ou un livre et je regarde avec attention ; aussitôt il accourt sur mes mains et parcourt ce que je tiens avec un air de satisfaire sa curiosité.

Cette belette avait lié connaissance avec le chien et le chat de la maison ; elle jouait avec eux, se mettait autour de leur cou, sur leur dos, sans qu'ils se fissent de mal.

Buffon rapporte qu'un homme s'était si bien attaché un de ces petits animaux, qu'un jour de fête, dans une promenade publique, il prit plaisir à se cacher dans la foule qu'il traversait en différens sens pour tromper la jeune belette ; mais qu'il n'en put venir à bout et que pendant plus de six cents pas, elle ne le perdit point malgré ses détours nombreux.

AMITIÉ DE DEUX BLAIREAUX.

Le fait dont nous allons faire part à nos lecteurs, nous l'avons lu nous mêmes dans les *Merveilles de la Nature*, par M. *Sigaud de Lafond*.

Deux paysans du village de Chapelletière, près du château de Venours, se rendaient au bourg de Rouillé, en Poitou; c'était vers la fin de septembre 1834, en passant dans un chemin creux, à une lieue à peu près de leur domicile, ils s'aperçurent que leur chien flairait une trace et qu'il agitait la queue toujours plus rapidement à mesure qu'il avançait davantage; un instant il s'arrêta, plia ses jarrets, demeura fixe, puis tout-à-coup s'élança dans un fossé d'où il fit sortir un *blaireau*. Les deux rustres, qui s'étaient tenus pour avertis, en avançant à pas de loup et le bâton haut, se précipitèrent sur l'animal et l'assommèrent; il fut convenu que la curée s'en ferait au hameau et qu'ils partageraient le prix de la peau; le moindre petit bénéfice donne de la verve aux gens de la campagne, et nos deux paysans, tout en trainant leur blaireau avec un lien de branchage et chacun à leur tour, plaisantaient beaucoup sur M. le docteur, qui passait ses journées à la chasse et ne s'était jamais avisé de tuer quelque chose de valeur.

Ils avaient déjà fait quelques pas en devisant ainsi, lorsque l'un d'eux tournant la tête, apperçut un autre blaireau qui les suivait d'un air bien triste comme le ferait un ami qui accompagnerait son ami en terre, s'il était vrai que deux hommes pussent s'aimer sincèrement. Les deux paysans étonnés s'arrêtèrent : il est probable qu'ils songèrent à faire une seconde curée; mais ils furent désarmés en voyant ce malheureux animal se jeter sur le cadavre de son camarade dont ils essayèrent en vain de le séparer ; ils le traînèrent ainsi jusqu'au village, sans qu'il s'étonna ou prit seulement garde de la multitude qui l'environnait, étonnée qu'elle était d'un spectacle qu'elle ne trouva que singulier; car elle n'empêcha pas les enfans d'assommer à coup de pierres l'intéressant blaireau qu'ils brûlèrent avec son compagnon. Ces enfans étaient de petits hommes qui plus tard devinrent des pères de famille.... pauvre espèce humaine !

LE BOEUF APIS.

Les anciens ont toujours eu une grande vénération pour le bœuf, cet animal docile et laborieux qui prête si volontiers sa force prodigieuse aux travaux de la campagne. D'ailleurs, on a dû remarquer que les populations primitives manquant d'idées générales, ont été amenées à voir dans les faits la raison même de ces faits ; de là ce polythéisme qui leur fit adorer tout être exerçant dans le monde une influence quelconque, parce qu'ils crurent que, cette influence, il l'exerçait de lui même, comme une propriété native et indépendante, du moins dans certaines conditions. Aussi avaient-ils des dieux dont la puissance et les hommages étaient infiniment variés, selon la proportion croissante du bien ou du mal qu'on supposait qu'ils pouvaient faire. Chez les Egyptiens, le bœuf Apis était un de ceux qui s'étaient concilié le plus d'estime et de vénération.

Cet animal était remarquable par une tâche blanche en forme de croissant qu'il portait au côté droit. Certainement, nous sommes loin de vouloir dire une impiété, et nous sommes de très-bons Egyptiens, quand il s'agit de nous prosterner devant les chefs-d'œuvre et les beaux arts que protégea le sceptre de Semiramis ; mais nous remarquerons très-humblement, si l'on veut, que le dieu Apis était plus maltraité sur ses vieux jours que le moindre caniche parmi nous. Car un *Roquet*, si modeste qu'il soit, pourvu qu'il vive à Paris, peut espérer d'aller finir sa carrière à l'hospice, tandis que le divin bœuf, au bout d'un certain nombre d'années que lui prescrivait la religion, était impitoyablement noyé par des prêtres. Il est vrai cependant qu'on y mettait des formes, et que cette pieuse ingratitude se commettait avec un grand luxe de cérémonies et de pompes funèbres. Après quoi on cherchait un autre bœuf que l'on substituait au défunt dont le deuil se prolongeait jusqu'à l'avènement de son successeur. Aussitôt que le nouveau dieu Apis était trouvé, les prêtres le conduisaient à Memphis, dans le temple d'Osiris, où il avait deux étables très-remarquablement riches. Selon qu'il habitait l'une ou l'autre, on augurait bien ou mal des destinées de l'Égypte.

La manière de consulter Apis dans les occasions importantes de la vie privée ou des intérêts publics était assez singulière. Pour mon compte je n'en agirais pas autrement à l'égard des personnes dont je serais obligé d'essuyer les sots conseils : on se mettait les mains sur les oreilles jusqu'à ce qu'on fût sorti du temple. Alors on prenait pour réponse du dieu la première chose qu'on entendait, ce qui devait occasionner d'assez curieux coq-à-l'âne. Il était dans l'usage que le consultant offrit au dieu quelques nourritures. Nous croyons bien que les prêtres faisaient quelquefois, comme les cochers d'aujourd'hui, qui vendent l'avoine de leurs chevaux.

Ce bœuf vivait dans la solitude. Nous ne garantissons pas que cela lui plût toujours. Il ne se montrait en public que dans les occasions solennelles; mais c'était avec puissance et majesté. Des licteurs marchaient devant lui écartant la foule curieuse, tandis que de jeunes enfans élégamment parés le suivaient et chantaient des hymnes en son honneur. Lui, comme s'il eût été convaincu de sa majesté, promenait des regards protecteurs sur le peuple et semblait se complaire à ses adorations et à ses hommages. C'était là son beau jour de puissance, mais, qui peut savoir jusqu'à quel point cela compensaït ses chagrins domestiques, je veux dire les chagrins de l'étable. Hélas! il ne lui était permis de goûter les douceurs de l'amour qu'une fois l'année, et cependant il pouvait bien avoir une âme tendre et passionnée!... encore ne lui était-il point permis de choisir l'objet de ses affections! point d'entraînement... point de vache selon son cœur! la religion avait tout prescrit d'avance jusqu'aux couleurs que devait porter celle qui devait jouir de ses feux. En outre de ces processions, il y avait tous les ans une semaine consacrée à célébrer la naissance du dieu Apis.

LE BUSARD DE M. FONTAINE.

Nous trouvons insérée, dans l'Histoire naturelle de M. Buffon, l'anecdote suivante qui fut racontée par M. Fontaine :.

« En 1763, dit ce dernier, on m'apporta un busard (oiseau d'environ 20 pouces de long), qui avait été pris dans un piége. Il était extrêmement farouche ; j'entrepris de l'apprivoiser, et j'y parvins en le laissant jeûner, et le contraignant de venir manger dans ma main. L'ayant rendu très-familier au bout de six semaines de captivité, je lui accordai quelque liberté, en prenant cependant la précaution de lui lier les deux fouets de l'aîle ; de cette manière il se promenait dans mon jardin, et venait à moi lorsque je l'appelais pour lui donner sa nourriture. Quand je crus pouvoir me fier à sa fidélité, je lui ôtai ses liens, lui attachai une petite cloche au-dessus du pied, et sur la poitrine un morceau de cuivre, où mon nom était gravé. Alors je lui donnai une entière liberté, dont il abusa bientôt, car il s'envola jusque dans la forêt de Belesme. Je le crus perdu ; mais quatre heures après, je le vis se précipiter dans une salle à manger, qui était ouverte, poursuivi par cinq autres busards, qui l'avaient forcé de regagner son asyle.

Depuis cette aventure il me fut toujours fidèle, passant toutes les nuits sur ma fenêtre ; il devint si familier, qu'il semblait se plaire en ma compagnie. A mon dîner, il se plaçait au coin de la table, me caressait souvent avec sa tête et son bec, en poussant un cri aigu que j'avais seul le pouvoir de lui faire adoucir. Un jour que je faisais une promenade à cheval, il me suivait plus de deux lieues, en volant au-dessus de ma tête.

Il détestait également les chiens et les chats; il avait souvent de rudes combats à soutenir contre eux; il triomphait presque toujours. J'avais quatre gros chats, que je lâchai dans mon jardin avec mon busard. Je leur jetai un morceau de viande crue, le plus leste des chats s'en saisit; les autres le poursuivirent, mais l'oiseau se précipitant sur l'animal, lui mordit les oreilles et le terrassa si rudement avec ses pieds, qu'il fut obligé d'abandonner sa proie. Un autre chat voulut s'en emparer, et reçut le même traitement, jusqu'à ce que le busard fut l'unique possesseur du butin; il se défendait si adroitement, que se sentant assailli par les quatre chats ensemble, il s'envola avec sa proie dans ses serres, en poussant un cri de triomphe. Enfin les chats, ennuyés de se voir toujours vaincus, ne voulurent plus rien lui contester.

Ce busard avait une singulière antipathie; il ne pouvait pas voir un bonnet rouge sur la tête d'aucun paysan, et le leur enlevait si lestement, qu'ils se sentaient la tête découverte, sans pouvoir deviner ce qu'étaient devenus leurs bonnets. Il arrachait de même les perruques sans les endommager, et portait ces bonnets et ces perruques sur l'arbre le plus haut du parc voisin, où il cachait ordinairement son butin.

Il ne faisait aucun dégât dans ma basse-cour, et la volaille qu'il avait d'abord effrayée, s'accoutuma insensiblement à lui. Il se baignait avec les poulets et les canards, sans leur faire aucun mal. Mais ce qui est singulier, c'est qu'il n'était pas aussi doux pour les volailles de mes voisins, et je fus souvent obligé de leur promettre de réparer le tort qu'il aurait pu faire. On tira pourtant sur lui plusieurs fois, sans jamais le blesser; mais un jour, de grand matin, à l'entrée d'une forêt, il osa attaquer un renard. Le garde, qui l'aperçut sur le dos de l'animal, lui tira deux coups de fusils; le renard fut tué, et le busard eut l'aile cassée. Malgré cette blessure, il échappa au garde, et fut perdu sept jours. Cet homme, ayant découvert par le son de la cloche, que c'était mon oiseau, vint, le lendemain matin, m'informer de ce qui lui était arrivé; je le fis chercher, mais on ne le trouva pas. J'avais coutume de l'appeler tous les soirs par un coup de sifflet; il fut six jours sans y répondre, mais au septième, j'entendis à quelque distance, un faible cri que je jugeai être celui de mon busard: je sifflai une seconde fois, le même cri me répondit. Je me transportai à l'endroit d'où partait le son, je trouvai enfin mon pauvre oiseau, qui, malgré son aile cassée, s'était traîné plus d'une demi-lieue pour gagner son asile, dont il était éloigné de cent vingt pas. Quoiqu'il fût très-faible, il me fit beaucoup de caresses. Il fut six semaines à se rétablir, au bout desquelles il reprit ses anciennes habitudes. Je le conservai encore un an. Il disparut alors pour toujours. Je suis convaincu qu'il périt par accident, et qu'il ne m'abandonna pas de son plein gré.

CANARD AMI D'UN CHIEN.

J'ai eu sous les yeux, pendant plusieurs mois, dit M. Fréville, dans son histoire des chiens célèbres, un canard singulier, qui vivait dans une bouverie remplie de bêtes à cornes, et ces paisibles animaux étaient gardés par un chien noir et une grande levrette.

Le canard, que l'on apporta tout jeune de la campagne, ne tarda pas à faire connaissance avec ses nouveaux hôtes; mais le chien noir lui parut mériter une affection toute particulière. Il la lui témoigna d'abord par des saluts réitérés et des caresses de sa façon; bientôt après, enhardi par la douceur et la familiarité de son compagnon, il prit part à ses jeux et à son badinage. Quand le chien noir poursuivait la levrette, le canard courait avec lui de toute sa force; lorsque la le-

vrette, au contraire, pourchassait le chien noir,
le canard la traversait bravement dans la course;
il s'opposait à son passage, en battant des aîles,
et en faisant un vacarme horrible pour déconcerter l'assaillante.

Je l'ai vu cent fois, devant mes fenêtres, join-
dre sa voix nazillarde à ses élans boiteux, afin de
chasser devant lui les bœufs ou les moutons que
l'on faisait sortir de l'étable, pour les conduire
dans un autre lieu. D'autres fois, montant sur le
dos du chien noir, il y restait des heures entières, sans que celui-ci parût fâché, en nulle façon, de cette familiarité. Quelque bruit imprévu
se faisait-il entendre, ou quelqu'autre motif at-
tirait-il le chien dans la rue, celui-ci, chargé du
canard, comme un cheval de son cavalier, courait avec le canard, qui, de son large bec, tenait
fermement sa monture, et ne lâchait point prise.
En un mot, telle était l'intimité de ces deux animaux, qu'ils étaient toujours ensemble, et que le
canard ne pouvait vivre sans le chien, ni le chien
sans le canard.

AMITIÉ ENTRE UN CANARD ET UN DINDON.

Un canard et un dindon vivaient dans une
intimité très-étroite, tous les deux commensaux
d'un même baquet, qu'une main obligeante semblait pourvoir selon tous leurs désirs. Leur vie
devait être heureuse à ce prix là, aussi bé-

nissaient-ils chacun dans son langage le sort qui les avait réunis pour leur faire partager les douceurs d'une vie qu'ils espéraient bien ne trouver jamais trop longue. Car, plus sages que le grand nombre des hommes, nos deux volatiles avaient un cœur modéré dans ses désirs et simple dans ses goûts. Ils croyaient au bonheur même au milieu des vicissitudes de la vie. Cependant l'épée de Domaclès sous la forme d'un couteau de cuisine menaçait de couper le fil de cette vie, tissée d'or et de soie, selon le style de Bernis. Hélas! combien de fois l'appareil d'une fête a-t-il offert l'ironique apprêt d'un supplice de mort! Hier encore le canard et le dindon se disaient qu'il était doux de vivre..... et voilà qu'aujourd'hui l'un deux est frappé d'un arrêt de mort!... Pauvre dindon! la cuisinière venait de lui souffler dans ses plumes, et avait trouvé qu'il était assez gras pour mourir. Déjà l'affreuse mégère avait retroussé ses manches et saisi l'homicide acier; le pauvre dindon se jetait entre les mains de son bourreau qui déjà lui faisait *la grande toilette*, en lui arrachant quelques plumes à l'endroit de la gorge désigné pour le cruel tranchant. A cette vue le canard poussa des cris de désespoir, battit des ailes, porta des coups de bec. Vains efforts! le pauvre dindon avait le cou à demi détaché, et son corps jeté sur les dalles, n'était plus agité que par les derniers spasmes de l'agonie. La douleur de son compagnon fut si vive que dès ce moment il refusa toute nourriture, résolu de se laisser mourir d'inanition et de chagrin. Mais la cuisinière ne le laissa point maigrir et le tua au bout de trois jours.

Cette histoire a eu lieu à Bagonère, près de Clémentin dans le Haut-Poitou.

CARPES DE PONT-CHARTRAIN.

« J'ai vu dit Buffon, chez le comte de Maurepos, dans les fossés de son château de Pont-Chartrain, des carpes qui avaient au moins cent cinquante ans avérés ; elles m'ont paru aussi agiles et aussi vives que des carpes ordinaires. » Il y avait surtout trois très-remarquables, et qui se nommaient, Amphytrite, Triton et Naïs. Ce n'est pas seulement à cause de leur grand âge qu'elles excitaient l'admiration, mais bien encore par certains détails de caractères assez curieux. Elles étaient d'une très-grande familiarité, et ne manquaient jamais de venir à la voix de celui qui les nourrissait : les appelait-on, elles paraissaient à fleur d'eau et regardaient très-attentivement, puis selon qu'on leur inspirait de la confiance, elles se rendaient vers le bord du bassin ou disparaissaient sous les eaux. Combien de beaux gentils-hommes

et de fraîches dames qui ne sont déjà plus s'é-
taient-ils amusés à leur donner des friandises
et à les appeler de leur nom ! On les avait
aussi accoutumées à venir toutes ensemble ou
l'une après l'autre. Elles montraient surtout une
très-grande docilité pour celui qui les gou-
vernait ; aussi venaient-elles avec plus d'empressement à sa voix qu'à celle de tout autre.
Dans ce dernier cas, on eut dit qu'elles y mettaient de la condescendance.

On avait souvent à punir la gourmandise de
la première, qui s'emparait souvent à elle seule
de ce qu'on jetait pour toutes les trois. Il suffi-
sait alors pour la mystifier, de lui dire d'un ton
de mécontentement : « Allez, *Amphitrite*, allez ! »
la truite, quels que fussent les égards que mé-
ritât son âge, et la fierté que pouvait lui inspirer
la grosseur de sa taille, car elle n'était pas moins
grosse que celle d'un enfant, s'enfonçait soudain au fond de l'eau, paraissant très-mortifiée
du reproche qu'on lui avait adressé. Elle ne re-
paraissait jamais avant qu'on la rappelât. On lui
imposait quelquefois trois ou quatre jours d'arrêt forcé, sans qu'elle rompît jamais son ban. Au
bout de ce temps, voulait-on la grâcier, on n'a-
vait qu'à lui dire d'une voix douce : « Amphitrite, venez, ma fille, venez. » Elle revenait
toute contente, et marquait sa joie en fouettant
l'eau par des coups de queue.

Une des plus grandes satisfactions que l'on pût accorder à ces animaux, c'était de leur faire de la musique. Au son d'un flageolet, vous les eussiez vues accourir à l'envie au bord des fossés, se tenir immobiles, comme si elles eussent été fascinées par la musique.

Ces trois vieilles carpes avaient toute la prudence de leur âge, c'est-à-dire plus que n'en ont jamais les plus franches douairières. Car nous autres humains, en fait de sagesse, nous avons toujours des ariérés. Elles se rendaient difficilement, avons-nous déjà dit, à toute autre voix qu'à celle de leur gardien. D'un œil perçant ou d'une oreille fine, elles distinguaient parfaitement les étrangers et les malveillans. La beauté, la douceur du visage chez les femmes, ne se trouvaient point assez puissantes pour les attirer davantage. Ces carpes auraient-elles lu par hasard dans le cœur humain?... elles se montraient beaucoup plus confiantes envers les enfans, et rarement se refusaient-elles à leur invitation.

CASTORS APPRIVOISÉS.

Tout le monde connaît l'existence industrieuse de ces animaux, qui vivent en société, fournissant chacun sa part d'industrie et d'activité pour la cause commune et les intérêts de la colonie, au point qu'il s'en trouve parmi eux qui veulent bien accepter les rôles pénibles, à la condition

4.

d'inférieures et de subalternes. Plusieurs voyageurs font mention des expéditions guerrières des castors. En cela, nous verrons qu'ils ne sont ni moins habiles, ni meilleurs que les hommes, dont ils semblent se rapprocher par la honteuse spéculation qu'ils font de leurs semblables. Au printemps, ils s'assemblent par cantons, pour faire la chasse aux castors voisins, dans le but de faire des prisonniers, qu'ils emmènent avec eux, pour les employer, comme leurs esclaves, aux plus rudes travaux. Nous ne croyons pas cependant qu'on ait encore observé qu'ils faisaient *la traite*. Les anciens professaient pour ces animaux une si grande estime, que, dans la religion des Mages, il était défendu de les tuer. Au reste, ces animaux ne sont pas seulement admirables par leur merveilleuse intelligence, si prompte à se communiquer entre eux, qu'ils semblent parler une langue mystérieuse que nous ne comprenons point; ils ont en outre une très-grande part de ce qu'on appelle dans notre espèce, les facultés de cœur. Voici un trait d'amitié qui en fera preuve: deux jeunes castors avaient été pris vivans et donnés à un facteur de la baie d'Hudson. Ce dernier eut, pendant quelque temps, l'espérance de les conserver et de les voir grandir. En effet, ils se portaient à merveille et grossissaient tous les jours avec des forces nouvelles, lorsque l'un d'eux fut tué par accident. Son compagnon en éprouva un chagrin si amer, qu'il se détacha volontairement de la vie, en se privant de toute espèce de nourriture.

On raconte que le major Roderfort de New-York avait un castor qu'il laissait librement courir dans sa maison, sans qu'il fallût jamais l'attacher. Sa nourriture se composait ordinairement de pain et quelquefois de poissons, dont il se montrait friand. On avait toujours bien garde qu'il ne manquât jamais d'eau. Cet animal avait la manie d'accroître tous les jours sa couche de chiffons et d'objets doux au toucher. Combien d'hommes passent leur vie à se mettre bien à l'aise ; bien peu, toutefois, en feraient aussi bon marché que notre castor : une chatte de la maison, qui avait une nombreuse famille, prit possession de ce coucher, qu'elle trouva à sa convenance, se promettant bien d'user de ses griffes, dans le cas où elle se verrait forcée de justifier de ses droits. Mais loin de là, le propriétaire, qui était un bonhomme de castor, ne songea pas seulement à faire la moindre réclamation ; il trouva que la chatte avait cent fois raison, et probablement il se reprocha de n'avoir pas songé à lui en faire la galanterie. Voyez aussi combien il mérita de la mère, par la sollicitude et la tendre amitié qu'il montra pour ses enfans : quand la chatte s'éloignait, le castor

prenait les petits entre ses pattes, les rechauf-
fait contre sa poitrine, et dès que la chatte
venait reprendre ses devoirs de bonne mère,
il lui remettait complaisamment le dépôt dont
il s'était chargé. Nous aimons à croire que
la chatte lui en fut reconnaissante et que ses
enfans n'insultèrent jamais à la vieillesse de
leur bienfaiteur.

CERFS INSTRUITS.

Le cerf, à la taille svelte, au corsage élé-
gant, à la tête couronnée de branches, rapide
quand il court, fringant quand il marche,
spontané dans tous ses mouvemens, grâcieux
dans toutes ses manières, parfois le regard
allumé, parfois l'œil mélancolique ou debon-
naire, est bien, sans contredit, le plus bel
animal qui règne dans nos forêts. Ami de
la solitude, il recherche les grands ombrages
et les fontaines ignorées. Cependant son caractère souple et naturellement facile finit par
se prêter au grand bruit, aux grandes foules
et à l'éclat des spectacles. Témoin celui de
Franconi, que tout le monde connaît sous le
nom de *Coco*, et qui a fait l'admiration de
Paris par son adresse et son intelligence. Vous
eussiez pu le voir dans une pièce intitulée le
Pont Infernal ou le *Cerf Intrépide*, affronter
avec le plus grand sang-froid des cascades de

feu et des gerbes de flammes. Nous prions nos lecteurs de ne rien dire de cela aux bêtes féroces qui finiraient, tant est prodigieux l'amour-propre, par se moquer des grands feux qu'on allume pour les éloigner pendant la nuit.

En fait d'éducation, Franconi n'est par le seul qui ait fait celle d'un cerf. M. Fréville, dans son histoire des *Chiens célèbres*, raconte qu'il fut conduit, par une parente, chez un naturaliste qui possédait un lièvre très-remarquablement instruit. « Le premier trait d'éducation, par lequel cette bête fauve débute, dit-il, fut de saluer respectueusement toute la compagnie, et, pour cet effet, il baissa profondément la tête, une seule fois devant les hommes, et deux fois devant les dames ; tout ce que le chien, le mieux dressé, est dans le cas de faire, fut exécuté avec précision par l'hôte des forêts : il porta pendant quelques minutes, dans sa bouche, deux fallots attachés aux extrémités d'un bâton ; on lui banda ensuite les yeux, il se mit à genoux ; il resta dans cette attitude tant qu'on battit la générale, et lorsqu'il eut entendu le mot de *grâce*, il se releva promptement. Après cet exercice, on jeta un dez sur une table ; l'animal intelligent frappa du pied autant de fois que le côté du dez fixé marquait de points. Ayant fini ses calculs sans se tromper, il fit partir un pistolet par le moyen d'un cordon qu'il tira avec ses dents. Nous passâmes ensuite dans le jardin, le cerf mit le feu à un gros canon avec une longue mèche, attachée à son pied droit, et il entendit, sans nulle frayeur, l'explosion terrible de cette pièce d'artillerie. On lui tendit, immédiatement après, un grand cerceau au bout d'une allée du jardin, et il y passa avec la plus grande agilité. En un mot, le cerf merveilleux termina la séance en mangeant une poignée d'avoine sur un tambour qu'un domestique battit avec un vacarme effroyable.. »

La statue du cerf est quelquefois colossale ; on en peut juger par la grandeur des os de celui qui fut chassé sous François Ier, dans le bois de Chambor. Ses restes sont encore appendues dans une chapelle du château de Blois ; on s'étonne de l'immensité de ses côtes et du volume extraordinaire de son bois et du nœud de son cou.

Les cerfs, comme nous venons de le voir, sont susceptibles d'une grande éducation ; on dit qu'il est en outre très-sensible à la musique : plus d'une fois attiré par le flageolet d'un pâtre, on l'a surpris s'approchant, pour l'entendre, d'aussi près que peut le lui permettre sa timidité naturelle. Il paraît que dans l'ancienne race c'était un usage assez généralement reçu, de faire trainer des chars par ces animaux. On dit même que l'empereur Heliogabale paraissait quelquefois en public dans un char attelé de quatre cerfs.

LES CERFS D'ALEXANDRE.

Il est arrivé de prendre des cerfs qui avaient plus d'un siècle, et qui se trouvaient ornés des colliers d'or qu'Alexandre-le-grand leur avait fait mettre ; la croissance et l'embonpoint qu'avaient acquis ces animaux, depuis un si grand nombre d'années, étaient cause que ces colliers étaient cachés sous un pli graisseux de la peau du cou.

Charles VI chassa, dans la forêt de Senlis, un cerf portant un collier sur lequel était gravé : *Cæsar hoc me donavit*, « César m'a fait ce don. » Buffon croit que le cerf venait d'Allemagne, où les empereurs sont dans l'usage de prendre le nom de César. Il n'est pas croyable qu'il tînt ce collier de l'empereur romain, car cela aurait fait remonter son âge à plus de mille ans.

CERF COURAGEUX.

La *Gazette de France* du 16 juillet 1764, rapporte qu'un vaisseau de la compagnie des Indes avait apporté deux tigres. Le prince de Cumberland, qui voulut s'en amuser en leur faisant soutenir des luttes et des combats, fit construire une enceinte dans la forêt de Evindser. Il lâcha en même temps, dans cette espèce d'arène boisée, un tigre et un cerf. Ce dernier usa si bien de son courage à le provoquer et de son adresse à tromper ses griffes, que le tigre, se fatiguant par des bonds inutiles et des efforts sans nombre, finit par perdre haleine, et se livra à la merci des attaques de l'animal, qui ne reçut de la nature que la grâce et la légèreté.

Quand le prince de Conti, père du dernier prince de ce nom, voulait amuser les dames de sa cour, il les invitait à venir dans son parc de l'île Adam, les avertissant qu'il voulait honorer son cerf de leur grâcieux pardon. En effet, quand toutes ces dames se trouvaient assemblées, il faisait attaquer le cerf par un limier. Mais l'animal, au lieu de s'enfuir à travers le parc, accourait auprès d'elles, versant de grosses larmes et implorant sa grâce par des regards supplians et par certains gestes à la fois humbles et pressans.

En Allemagne, on respectait les cerfs au point que si l'on se rendait coupable d'en tuer un, on était attaché sur les reins d'un autre cerf qui se lançait épouvanté dans les forêts, meurtrissant contre les troncs d'arbres et déchirant à travers les broussailles, le corps du meurtrier.

LE CHAMEAU DE MAHOMET.

Bayle, dans son dictionnaire historique, rapporte, d'après l'auteur de l'*Histoire du Monde*, qu'un chameau, dans un voyage de la Mecque à Médine, porta Mahomet droit à la maison du fameux Jus, ce capitaine turc auquel le prophète désirait depuis long-temps faire une visite, sans qu'il eût pu savoir toutefois quelle était la demeure de cet homme remarquable. Aussi est-il dans la foi des Mahométans, que ce chameau ressuscitera et qu'il jouira du bonheur du paradis.

Les chameaux qui font parti du pèlerinage de la Mecque, lorsque les religionnaires de Mahomet vont visiter le *Kiabé*, sont considérés comme sanctifiés. A leur retour, on les charge de fleurs et de guirlandes, leurs forces à jamais respectées ne sont employées à aucun travail. Il en est de même de celui qui a porté le brocard d'or que l'on destine au tombeau du prophète, et que l'on renouvelle tous les ans. Au reste, cette honorable sinécure est aussi réservée à tous les animaux de cette espèce, qui portent des présens au Kiabé,

Le *Kiabé* est, selon les Mahométans, une maison céleste qui fut bâtie par les anges et que reconstruisit Abraham. L'intérieur richement paré est tendu d'une étoffe de soie blanche et rouge ; on enveloppe la partie extérieure d'une espèce de clamyde en soie noire qui est parcourue en tous sens de torsades et de franges en or, qui reluisent d'un éclat magique.

Ces étoffes, d'un grand prix, sont renouvellées tous les ans,

LE CHARDONNERET DE BALE.

On a vu à Bâle un chardonneret qui s'était fait une grande réputation par ses tours d'adresse, et par le désespoir qu'il éprouva à la mort de celui qui l'avait élevé. Il essaya jusqu'à quatre fois de s'élancer dans le cercueil de son bienfaiteur, exprimant par des accens plaintifs et des efforts déchirants, qu'il ne voulait avoir d'autre tombeau que celui de son maître. Le pauvre oiseau, déchiré par son affreuse douleur, expira quelques minutes après. Une même épitaphe fut gravée pour tous les deux sur la pierre qui les couvrit ensemble. Hélas ! combien de parens ou d'amis *inconsolables* (en style lapidaire) ne vont pas même jeter une prière ou une larme sur le tombeau de ceux dont ils *chérirent* l'existence.

LE CHAT DE MAHOMET.

Nous apprenons de M. Baumgarten que, pendant son séjour à Damas il vit une maison spacieuse, parfaitement entretenue et toute entourée de murailles. Il ne fut pas légèrement étonné lorsqu'on lui apprit qu'elle était entièrement habitée par des chats dont elle était l'hôpital. L'origine de cette institution n'est pas

moins curieuse que l'institution elle-même.
Mahomet, pendant qu'il habitait cette ville,
avait conçu une vive amitié pour un chat qu'il
nourrissait lui-même et dont il satisfaisait soigneusement tous les caprices.

Barbec rapporte que ce législateur, ayant à
donner audience à de très-graves personnages
qui venaient le consulter sur un point important de la loi, coupa le parment de sa manche
pour ne point éveiller cet animal qui s'était
couché dessus. C'est pour cela que les secta-
teurs de cet homme remarquable, témoignent
encore aujourd'hui un respect superstitieux pour
les chats, et qu'ils pourvoient à leur subsistance par des aumônes publiques.

CHATS ÉGYPTIENS.

Les Egyptiens n'avaient pas une moins grande
vénération pour les chats : à la naissance de leurs
enfans, ils ne manquaient jamais de faire une
offrande qui aidât à l'entretien de ces animaux
sacrés. Ainsi, vous voyez que les chats entraient
titulaires dans la vie. Pour bien des hommes
il y aurait eu avantage à naître chat. *La mort
a des rigueurs à mille autres pareilles ;* mais s'il
lui arrivait de saisir dans ses mains osseuses
un de ces animaux chéris, l'eût-elle étouffé le
plus doucement possible, toutes les personnes
de sa connaissance tombaient dans la consterna-

tion , se pressaient de porter toutes les marques
d'un deuil profond, jusqu'à se raser les sourcils.
Au contraire , était-il mort d'une mort violente,
un Egyptien, oubliant sa religion , avait-il osé
attenter à ses jours, aussitôt le peuple s'emparait du sacrilége meurtrier et le mettait en
pièces dans sa sainte fureur.

Aussi n'était-ce point sans terreur et sans de
vives appréhensions, qu'un Egyptien rencontrait un chat privé de la vie ; il fuyait en tremblant
et se trouvait trop heureux, quand il savait s'exciter jusqu'aux larmes. *Les larmes de commande*
ne sont toutefois pas d'invention égyptienne.
Celui qui avait eu le malheur de rencontrer le
saint animal gisant , courait bien vîte annoncer
cette catastrophe, protestant dans toute la sin-
cérité de son cœur, qu'il n'était point coupable.
Alors c'étaient de grandes clameurs dans toute
la ville ; la douleur et le deuil devenaient officiels,
et chacun se fût bien gardé de montrer de l'indifférence. De graves soupçons, des peurs su-
bites sillonnaient en tout sens, comme les éclairs
avant l'orage. Les magistrats venaient en grande
pompe faire l'enlèvement du cadavre, et l'on
constatait scrupuleusement s'il y avait ou non
des signes de violence. Après cela, le chat qui
avait eu le malheur de mourir , soit qu'il eût été
victime d'une action impie, soit qu'il se fût doucement endormi pour l'éternité, comme cela

était arrivé à Abraham, le chat, disons-nous, était parfumé d'huiles odoriférantes, et l'on embaumait son corps avec du cidre et autres aromates propres à le conserver. Puis on le transportait en grande cérémonie à Babuste, pour y être inhumé dans une maison sacrée. Chacun priait que la pierre du tombeau lui fût légère.

Moncrif parle d'une révolution qui eut lieu à la suite de violences faites envers la personne d'un chat: cet événement remarquable arriva sous un des Ptolémées. L'Egypte, comme toutes les nations de la terre, regardait avec crainte et admiration Rome la triomphante, qui n'avait qu'à jeter son épée dans la balance, pour faire taire les réclamations de toute espèce; cependant, l'Egypte venait d'être insultée dans une de ses nationalités les plus sensibles. Passe encore qu'on se fût permis d'outrager un ambassadeur.... les ambassadeurs, on en a toujours fait bon marché! mais un soldat romain avait osé maltraiter un chat.... l'outrage était sanglant, et la vengeance ne se fit pas attendre!.., quelles que fussent les menaces de Ptolémée! quelqu'imposante que se montrât la puissance romaine, le peuple ne pût contenir sa fureur, et le soldat coupable fut massacré!

LES CHATS DE CAMBYSE.

L'exemple suivant achèvera de nous montrer combien grande était la vénération des Egyptiens pour les chats. Nous voulons parler du stratagème qu'employa Cambyse dans la fameuse guerre qu'il fit à ses peuples, dans la quatrième année de son règne.

Ce prince ambitieux, ayant jugé nécessaire de s'emparer de Pélasse pour s'ouvrir l'entrée de l'Egypte, s'avisa d'un moyen que la plus haute politique ne désavouerait pas. Bien assuré qu'il aurait au moins de grands obstacles à surmonter, avant de s'emparer d'une place que l'on croyait imprenable, il se promit de faire entrer en complicité de ses projets la religion même des Egyptiens. Sachant que la garnison de cette place était composée entièrement des hommes de cette nation, il mit à la tête de ses troupes, une multitude de chats. Capitaines, généraux de tout grade, simples soldats, tous portaient un chat en forme de bouclier. Cette fois-ci la religion trahit la liberté, car les Egyptiens se rendirent plutôt que de se risquer à devenir sacriléges.

CHATS DESTRUCTEURS DES SERPENS.

Au cap des chattes, cap célèbre, à la pointe de Chypre, on remarque les ruines d'un couvent qui fut détruit par les Turcs, lorsqu'ils s'emparèrent de cette île. Autre fois dit la chronique, cette maison dont les ruines ont encore un aspect religieux, était habitée par des chats, vivant sous la règle d'un certain nombre de religieux qui les dressaient à faire la chasse aux serpens, dont le grand nombre désolait la contrée. Ces espèces de templiers *raminagrobis* faisaient leur tournée guerrière en bon ordre, l'œil en arrêt, la griffe toujours prête. Leur adresse était prodigieuse, leur zèle infatigable. Au son d'une certaine cloche, on les voyait arriver par pelotons à l'abbaye, pour y prendre leur repos. Le cœur du chat est faible comme celui de l'homme, aussi pouvons nous dire, sans crainte de calomnier, que leur manière de courir au refectoire blessait un peu leur gravité. Au reste, on les voyait reprendre leur marche d'expédition avec courage et persévérance. Ils sont tous morts avec la conscience d'avoir été utiles à leur pays !...

CHATS D'ANGLETERRE.

Les chats jouissaient autrefois, en Angleterre, d'une très-grande considération. Maintenant il n'y a pas beaucoup plus de bénéfice à naître chat plutôt qu'homme. Cependant il y a encore un proverbe populaire à l'ordre, qui dit, qu'un chat vaut je ne sais combien de tailleurs, par ma foi, je crois que c'est 36.

Horvel le bon, prince de Galles, mort en 948, rendit une loi qui fixait le prix d'un petit chat, avant qu'il eût les yeux ouverts, à deux pences. Quand on avait fourni la preuve qu'il avait pris une souris, il commençait à être payé 4 pences. Nous observerons à nos lecteurs que cette somme était considérable, à raison du petit nombre des espèces de ce temps là. Les conditions légales de la vente exigeaient que l'animal fût doué d'un bon ouïe et d'une vue à l'épreuve ; qu'il sût faire la chasse aux souris et que ses griffes fussent entières ; la femelle devait encore être bonne nourrice. Le vendeur était condamné à la restitution d'un tiers de la somme reçue, si l'animal péchait par quelqu'une des qualités que nous venons d'énumérer. Tout individu qui tuait ou volait un chat des greniers du prince, était condamné à une amende qui consistait en une brebis avec sa toison et son agneau, ou, si l'on aimait mieux, on se décidait à couvrir de blé le même chat suspendu par la queue et touchant terre de la tête.

LE CHAT DE WHIGTINGTON.

La fortuue est bien bizarre pour ceux qu'elle destine à ses hautes faveurs. Aux uns, elle dit travaillez fort, l'économie est richesse ; aux autres, laissez-vous dormir, mais serrez la main en vous éveillant, car vous aurez un lingot d'or. Un jour elle rencontre un petit porcher et elle lui dit apprend le latin ; ainsi fit le petit rustre, et il devint pape sous le nom de Sixte-

Quint; une autre fois elle vint à un jeune anglais dont le cœur était plein de désirs et la tête remplie de projets de fortune dont aucun ne valait rien, et elle lui parle ainsi : « tiens, prends ce chat et pars pour les Indes. Le jeune homme partit et revint avec un vaisseau chargé de richesses ; on le créa maire de Londres, et il prit le nom de *milord Cot :* il fut ainsi le premier de son nom que l'Angleterre entoura de cette estime qui est demeurée à ses descendans, tant à cause de leurs nobles qualités que de leurs grandes richesses.

Voilà l'histoire avec toute la spontanéité de ses événemens : Richard Whigtington était né avec un cœur généreux ; son esprit ardent servait une volonté forte ; pauvre et sans ressource, mais tourmenté de faire fortune, cédant du reste à cette idée vaste et confuse qui s'empare des imaginations ardentes et leur fait espérer qu'il y a en quelque lieu du monde un trésor caché qui les attend, il partit pour les Indes, probablement comme il serait parti pour tout autre pays, si l'idée lui en fût venue ; il obtint, à titre gratuit, de monter sur un vaisseau qui faisait voile vers les Indes, emportant avec lui un chat dont probablement il n'avait pu se séparer par amitié pour lui. Cependant une tempête surprit le vaisseau et le jetta sur une côte où il fut capturé par les naturels du pays qui firent prisonniers tous ceux qui le montaient; puis on les conduisit devant le roi de ce pays, pour qu'il disposât d'eux selon son bon plaisir. Whigtington remarqua que ce prince paraissait être singulièrement tourmenté par le grand nombre de rats qui semblaient envahir son palais. Dès ce moment, dévinant sa fortune, il laisse aller le chat qui des dents et des pattes, en moins de quelques minutes, en fit un horrible massacre; le reste prit la fuite. Le roi, plein de reconnaissance, espérant d'ailleurs purger ses états d'un fléau détestable, se livra aux transports d'une joie indicible. Le chat et son jeune maître étaient tour à tour l'objet de ses caresses les plus expansives; il embrassait l'un, puis l'autre, puis tous les deux ensemble. Il déclara Whigtington son favori, et le nomma son compagnon généralissime de ses armées; car ce prince, plus pacifique encore que le roi d'Yvetot, n'avait jamais fait la guerre qu'aux souris et aux rats, qui sans cesse le mettaient en état de siége. Plus tard, Whigtington revint comblé de richesses dans sa patrie où il fut, comme nous l'avons déjà dit, créé maire de Londres. On le voit encore sur les enseignes de divers commerçans de la capitale, représenté, un chat sur son épaule, et portant avec fierté l'animal qui lui valut en même temps la fortune et la gloire.

CHATTES, BONNES MÈRES.

J'avais deux chattes, raconte M. Dupont de Nemours, l'une mère de l'autre ; toutes deux en gésine. La mère avait mis bas le jour précédent ; on ne lui avait ôté aucun de ses petits : je prononce peu de sentences de mort. La jeune étant à sa première portée, eût un accouchement très-pénible. Elle perdit la connaissance et le mouvement à son dernier petit, non encore dégagé du cordon ombilical. La mère tournait et retournait autour d'elle, essayant de la soulever, lui prodiguant tous les mots de tendresse, qui, chez les chattes, sont très-multipliés des mères aux enfans.

Voyant à la fin que les soins qu'elle prenait pour sa fille étaient superflus, elle s'occupa, en digne grand'-mère, des petits qui rampaient sur le parquet, comme de pauvres orphelins. Elle coupe le cordon ombilical de celui qui n'était pas libre, le nétoie, les lèche tous et les porte l'un après l'autre au lit de ses propres enfans, pour leur partager son lait.

Une bonne heure après, la jeune chatte reprit ses sens, cherche ses petits, les trouve tétant sa mère ; la joie fut extrême des deux parts, les expressions d'amitié et de reconnaissance, sans nombre et singulièrement touchantes.

Les deux mères s'établirent dans le même panier ; tant que dura l'éducation, elles ne le quittèrent jamais que l'une après l'autre, nourrirent, caressèrent, guidèrent ensuite indistinctement les sept petits chats, dont trois étaient à la fille et quatre à la grand-mère. »

Pauvre Farfadette! comme son cœur de mère a souvent été déchiré! Voilà ce que vous eussiez dit de la chatte de M. Moreau de Saint-Méry, si vous eussiez connu ce qu'il y avait chez elle de douce affection pour les nombreux enfans que la nature lui envoyait, mais qu'une main mystérieuse et impitoyable lui enlevait l'un après l'autre, comme pour lui faire oublier ses chagrins d'hier par les torturantes préoccupations du lendemain. Lorsqu'elle mit au monde sa dernière portée, le souvenir du passé l'accabla de grâves pressentimens ; elle comptait déjà cinq jours de deuil, pendant cinq jours la main mystérieuse lui avait enlevé un enfant. Hélas ! que peut une pauvre chatte? Ce que peuvent toutes les mères : aimer, souffrir et prier. Celle-ci, cédant tout-à-coup comme à une inspiration subite, prend avec ses dents le dernier enfant qui lui reste et court le déposer sur les genoux de M. de Saint-Méry, le conjurant, d'un regard à la fois triste et suppliant, de ne point achever le cruel sacrifice ; puis elle lui léchait les mains, le visage, le caressait de sa douce hermine , se roulait de mille manières , pour lui témoigner sa reconnaissance. M. Moreau touché de cette sollicitude maternelle, ordonna que le nourrisson fût conservé. Mais elle , craignant la violation de la foi jurée , le rapportait tous les jours sur les genoux de son maître, attendant pour s'en retourner qu'il lui eût fait quelques caresses, et qu'il eût renouvelé l'ordre d'en prendre soin et de le conserver.

LE CHAT DE M. DES FONTAINES.

Généralement les chats ne descendent jamais au dernier échelon de la misère , car ils traitent la société selon toutes les lois exceptionnelles de brigandage *à main armée*; nous prions le lecteur de lire *patte* au lieu de *main*, et de se souvenir que les chats ont des griffes. Eh bien ! cependant le chat , dont nous allons parler , par son industrie sans doute , était réduit au plus triste état de maigreur ; son œil était large et hagard sous une paupière desséchée ; sa peau sale , que traversait ses os pointus , ressemblait au dernier vêtement du pauvre , qui est pire que sa nudité. Ses grandes jambes , affreusement maigries , avaient peine à le supporter ; tout son aspect était hideux. C'était au Jardin des Plantes , près de la cuisine de M. Des Fontaines , qu'il avait établi son embuscade. A la moindre négligence il entrait avec l'audace du désespoir, s'emparait de la première proie venue, et disparaissait d'un seul bond; il lui fallait juste le temps que met un fantôme à traverser une muraille. On avait beau crier *au chat !* jeter après lui balais et pincettes, rien ne l'atteignait; il était déjà loin, mangeant avec l'affreux plaisir d'un estomac dévoré par la faim. Cependant on se mit à faire une surveillance si active autour de la cuisine, et le pauvre chat avait amassé contre lui tant de bâtons et de colère, qu'enfin il mourait de faim sans oser sortir.

Cependant la cuisine devint tout d'un coup silencieuse. M. Des Fontaines était seul à sa croisée, seul aussi dans la maison. Un mourant accueille vîte une espérance ! Qui sait si une bouche rassasiée n'avait point laissé tomber un morceau de pain quelque part... ! Notre pauvre chat sortit de sa cachette, se traînant le long d'un mur voisin ; ses jambes affaiblies le laissaient tomber presque à chaque pas ; un oiseau se fût joué devant lui qu'il n'eût pu s'en saisir. L'infortuné n'avait déjà plus que la force de ramasser....! Monsieur Des Fontaines, qui l'aperçut, en eut grande pitié, et courut lui chercher de la viande ; l'animal le vit revenir, tenant dans ses mains cette nourriture qui lui eût sauvé la vie. Le malheur rend méfiant , parfois il grandit le courage. Que venait faire cet homme?.... venait - il lui prêter secours ou bien lui tendre un piège?... N'importe ! l'animal résolut de s'arrêter devant lui.... de se défendre même....! Cependant M. Des Fontaines lui jette un morceau, il le happe et prend la fuite avec des forces inespérées. Oh, bonheur ! personne ne le poursuit, aucune voix ne crie haro sur lui! Il revient sur ses pas ; s'approche d'un peu plus près... Nouveau morceau de viande ! il s'en saisit encore, s'enfuit un peu moins vîte. Aucune clameur ! Il se rapproche encore d'un peu plus près... Enfin, un troisième morceau ; il s'arrête immobile, regarde son bienfaiteur, et dans ses yeux il y avait *un merci* qui eût désarmé l'homme le plus mal disposé. Une demi-heure après il était paisiblement couché sur le lit de M. Des Fontaines, dans la chambre duquel il était entré par la fenêtre.

LE CHAT DES CHARTREUX.

Enfin, dit le cuisinier au supérieur des Chartreux de Paris, en faisant un signe de croix , mon révérend père, le diable est pour quelque chose dans cette affaire. Voilà trois jours de suite que cela m'arrive. Hier encore, par exemple, mon repas était préparé, toutes les portions étaient servies sur les assiettes... pan, un coup de cloche... j'ouvre le guichet... personne! je me retourne dans la cuisine... une carpe frite avait disparue! il n'y a pourtant que moi dans la cuisine, ajouta-t-il avec dépit!—Paix! mon frère, fit le supérieur, au moins ne livrez pas votre âme au mauvais esprit; vous avez péché par colère... que Dieu vous le pardonne! amen!

Cependant le cuisinier se ravise, et promit bien de découvrir le voleur, fût-il le diable en personne. Le lendemain, un peu avant le dîner, il disposa ses plats comme de coutume, puis alla se cacher. Peu de temps après, drelin, drelin... tire! pour le coup je n'ouvre pas, dit-il, et il se mit à regarder de toute part. Aussitôt il voit le chat du couvent grimper sur une fenêtre, jeter un coup-d'œil rapide dans la cuisine, s'élancer sur la table, et s'enfuir par la même fenêtre, avec un beau merlon. Dieu soit loué, dit-il, ce n'est point Belzébuth! mais ce gaillard-là n'est pas seul... il lui faut quelqu'un pour agiter la sonnette. A demain la seconde épreuve, et sera bien fin qui m'échappera. En effet, le lendemain, à la même heure, le cuisinier se mit en observation à une croisée voisine. Eh bien! mon cher lecteur, avez-vous deviné quel pouvait être le second voleur? je vous le jure, sur la foi de cuisinier, c'était le même chat! le madré qu'il était, grimpait sur un billot placé sous la clochette, se pendait à la corde par les pattes, sonnait de toutes ses forces, grimpait sur la croisée; de là un saut pour entrer, un bond pour sortir; et voilà tout.

LE CHAT INDUSTRIEUX.

Il y a dans tous les couvens, une puissance occulte, puissance mystérieuse qui n'est ni chair ni esprit, et qui pourtant ferait agir des milliers d'hommes, par la raison qu'elle en fait bien mouvoir quelques centaines; cette puissance, c'est le *réglement*; après le réglement, vient la cloche non moins exigeante, également impérieuse. Le matin et le soir, comme aussi dans la journée, c'est elle qui porte au Ciel les premiers mots de la prière; elle dit aux hommes ce que Dieu dit autrefois à la mer: « Vous irez jusqu'ici, mais vous n'irez pas plus loin. » Puis, semblable à la femme forte qui ne craint pas de s'abaisser à tous les détails, elle vient annoncer les heures du repas, le temps qu'il faut consacrer au travail, et celui qu'il faut mettre au repos. Nous conviendrons cependant qu'elle est parfois stupide comme une consigne. En effet, soyez en pension (ne prenez pas cela pour un conseil), soyez en pension, vous dis-je, et qu'il vous arrive de ne pas entendre l'heure du dîner, viendrez-vous dire que vous avez faim, on vous répondra: « Ma foi, tant pis, la cloche a sonné, » ou bien encore, si votre appétit dévance l'heure du repas : « Attendez que la cloche sonne. » Vous trouvez toutes ces raisons-là fort sottes, et vous vous impatientez. Eh bien, vous avez tort. Pourquoi voulez-vous changer les hommes et leurs cloches ? Faites plutôt comme le chat dont je vais vous parler ; sachez vous en servir. Un jour, il arriva qu'on l'avait enfermé dans une chambre pendant l'heure du dîner (je ne sais pas si je vous ai dit qu'il était commensal dans une pension) ; ce fut donc inutilement pour lui que la cloche sonna : il eut beau gratter, miauler, personne ne vint l'ouvrir ; donc il ne put descendre au réfectoire. Cependant, au milieu de la journée, tout le monde s'étonne d'entendre sonner. Dans une pension, un faux coup de cloche c'est comme une pierre jetée dans une ruche d'abeilles. On se remue, on s'agite, on court voir ce que cela peut être. Oh ! mon Dieu, ce n'était pas autre chose que le chat qui voulait dîner, et qui, pour cela, s'était cramponné à la corde qu'il remuait de toutes ses forces. Des témoins nous assurent que tout fut jugé bon, et que le chat n'y perdit rien pour avoir attendu.

TESTAMENS EN FAVEUR DES CHATS.

Voilà ce que nous lisons dans un ouvrage de M. *de Saint-Gervais* : Bayle, à l'occasion de la reconnaissance qu'on doit aux animaux des services qu'ils nous rendent, rappelle le testament d'une demoiselle Dupuy, témoignage bien sensible des obligations qu'elle croyait avoir à son chat. Mademoiselle Dupuy avait le talent de pincer de la harpe à un degré surprenant, et c'était à son chat qu'elle devait l'excellence où elle était parvenu. Il l'écoutait attentivement chaque fois qu'elle s'exerçait sur sa harpe, et elle avait remarqué en lui des degrés d'intérêt et d'attendrissement, à mesure que ce qu'elle exécutait avait plus ou moins de précision et d'harmonie. Elle s'était formé par cette étude, un goût qui lui avait acquis une réputation universelle. A sa mort, elle voulut donner à son chat une marque convenable de sa reconnaissance; elle fit un testament en sa faveur : elle lui légua une habitation très-agréable à la ville et une à la campagne; elle y joignit un revenu plus que suffisant pour satisfaire à ses besoins et à ses goûts, et, afin que ce bien-être lui fût fidèlement procuré, elle légua en même temps à plusieurs personnes de mérite des pensions considérables, à condition qu'elles veilleraient sur les revenus de cet aimable légataire, et qu'elles iraient, une quantité de fois marquées par semaine, lui tenir compagnie. Ce testament fut attaqué. Les plus fameux avocats se partagèrent et écrivirent. J'ai fait inutilement jusqu'à présent, les recherches les plus exactes pour trouver les *factum* qui furent faits sur cette importante affaire. Il se perd comme cela tous les jours des ouvrages aussi curieux qu'inté-ressans, dont il est bien fâcheux que le public se trouve privé.

Grosley, associé de l'académie des inscriptions et belles lettres, mort à Troyes en Champagne, assura le sort de ses bêtes, par cet article qu'il mit dans son testament.

« Je lègue à la personne qui se chargera de deux chats, mes commensaux, tant et si long-temps qu'ils vivront, et jusqu'à la mort du dernier, vingt-quatre livres chaque année. »

CHEVAUX INSTRUITS.

De toutes les conquêtes de l'homme, le cheval est bien sans contredit une des plus belles. Quel quadrupède mieux que lui sait dissimuler la hardiesse des forces musculaires, par le gracieux des lignes si mollement arrondis, qu'il semble que la nature ait voulu qu'il fût, après l'homme, le plus bel animal de la terre? Nous donnons à nos lecteurs la description qu'en fait Job, parce que nous croyons qu'ils seront persuadés comme nous, qu'il n'y a rien de mieux à dire.

CHEVAUX INDUSTRIEUX.

Athénée parle de chevaux sybarites que l'on avait exercé à danser au son des instrumens.

Pline dit même, d'après le témoignage de plusieurs historiens, que toute la cavalerie de ces peuples était apprise à exécuter des danses ; ce qui leur causa une mémorable défaite dans une bataille qu'ils eurent à livrer aux Crotoniates, car ces derniers, avertis du merveilleux talens de ces animaux, résolurent de s'en servir contre leurs maîtres. C'est un moment bien solennel que celui qui précède le terrible choc de deux peuples qui se ruent l'un sur l'autre. Bien des cœurs sont émus avant de monter au diapason de cet infernal concert, dont toutes les phrases se composent du bruit des armes, des langoureuses plaintes de ceux qui meurent, et des épouvantables cris de ceux qui s'attaquent. Ainsi les deux armées étaient-elles en présence l'une de l'autre. Les Sybarites brandissent leurs armes, poussent de grandes clameurs, lancent leurs chevaux.... Au lieu de cela, les Crotoniates s'emparent de leurs instrumens de musique et se mettent à exécuter les mêmes airs que les Sybarites employaient à dresser leurs chevaux ; à l'instant même ces animaux s'arrêtent, un frémissement de plaisir parcourt tout leur corps, et ils se mettent à danser sans obéir au cavalier qui veut les pousser en avant et du geste et de la voix. Ce fut une cruelle ironie pour ces pauvres Sybarites, que de mourir en dansant. Ils furent entièrement taillés en pièces.

On fit présent à l'empereur Trajan d'un cheval excessivement remarquable par la finesse de ses formes et la beauté de sa couleur ; lorsqu'on le lui présenta, il mit, en gracieux courtisan, un genoux en terre et baissa révérentieusement la tête devant la très-haute majesté de César. Ainsi faisait dans un autre temps la haquenée blanche que la ville de Naples offrit au pape pendant plusieurs années ; je ne sais pas même si l'historien qui raconte cela ne fait point remarquer qu'elle semblait demander au saint père les faveurs de sa bénédiction.

Pluvinel, un des écuyers de Louis XIII, fit exécuter un ballet de chevaux dans le fameux Carousel que ce prince donna. Mais que peuvent faire tous nos éloges et tous nos souvenirs historiques à côté de l'admiration incessante qu'inspirent tous les jours les fameux chevaux des frères Franconi, ces hommes si pleins d'amour pour leur art, et d'ailleurs si prodigieux à se faire comprendre de ces animaux, qu'ils semblent avoir sténographié leur langue. Nous ne croirions jamais avoir assez dit pour leur admirable talent, si nous ne savions point que l'éloge tient lieu bien souvent d'oraison funèbre : quand les grands hommes et les grandes choses s'en vont, c'est alors qu'on les regrette, aussi dirons-nous, que quelque soit le mérite reconnu de ces artistes, on ne leur a donné jusqu'à présent qu'un bien léger à compte sur la gloire qu'ils ont méritée.

Le cirque de Rome tout prodigieux qu'il était, car Rome écrivait un peu partout qu'elle était la reine du monde, eh! bien, disons-nous, son cirque n'avait rien d'aussi curieux que celui des Franconi. Qu'y a-t-il en effet de plus étonnant que la merveilleuse intelligence que ces artistes distingués ont su prêter à leurs chevaux. Sans parler des mille détails de leur ingénieuse manœuvre, ne pouvons-nous pas dire au sû de tout le monde, qu'ils leur ont appris à danser la gavotte, le menuet, des contredanses, et même à jouer la comédie dans certaines pièces telles que *le Tailleur*, *la Chasse*, etc. Nous conviendrons, nous qui sommes appelés à donner la couronne civique à tous les chevaux qui ont bien mérité, que nous avons peine à exhumer des gloires éteintes en face des célébrités quadrupèdes, si pleines de vie et d'actualité, de MM. Franconi. Cependant, si nous négligions notre tâche, ce serait un grand tort; le mérite, quel qu'il soit, ne doit prescrire jamais.

LA MULE LABORIEUSE.

Plutarque, dans la vie de Caton, raconte d'une mule qui mourut âgée de quatre-vingts ans, qu'elle ne voulut point jouir entièrement de la liberté qu'on lui avait donnée lors de la construction du temple de Minerve. Courir à leur aise, paître en tout lieu, tel était le privilège des animaux que l'on avait appliqués à des œuvres saintes. Mais cet animal, dont la jeunesse avait été laborieusement occupée, ne put se plaire à la désinvolture d'une vie sans occupation utile ; il venait de lui-même se présenter au travail et marchait à la tête des autres bêtes de somme, leur témoignant par là que le repos absolu est un bien triste privilège qu'il faut laisser à ceux qui n'ont plus ni l'activité de l'esprit, ni la force du corps. Le peuple admirant la sage conduite de la mule, ordonna qu'elle fût nourrie jusqu'à sa mort aux dépens du trésor public.

Je crois qu'il eût mieux agi selon son gré, en la faisant travailler un peu comme elle semblait le désirer. Mais hélas ! le peuple qui travaille trop ne voit rien de mieux que de ne pas travailler du tout.

BIJOU.

Nous devons l'anecdote suivante à la mémoire d'un de nos amis.

Un jour, dit-il, que je me trouvais à Fontainebleau, obligé que j'étais d'y passer quelque temps pour des affaires d'intérêt, je m'arrêtais devant les écuries du directeur des postes. Quand on est subitement jeté de Paris dans la

province le premier embarras que l'on rencontre c'est de se créer une contenance. Au reste on
peut s'y faire assez commodément une importance quelconque. Mais il faut savoir se poser de
pied ferme sur le premier terrain qui se rencontre. Je crus qu'il m'irait assez bien de faire l'a-
mateur de chevaux ; je me mis donc à parler avec
toute la faconde d'un membre de *Jokey-Club ;*
aucun de ces braves gens là ne connaissait l'ar-
got de la science équestre, je pus me tenir à l'aise
dans les considérations générales en parlant
aussi bien français que s'il ne se fut point agi
de science. Tenez, Monsieur, me dit un palefre-
nier, voyez-vous ce petit cheval qui revient tout
seul de l'abreuvoir, en v'là une jolie petite
tête! puis il se mit à siffler. Aussitôt l'animal
dresse l'oreille, donne une ruade, vient à lui au
grand trot, lui baise la main et se met à faire des
courbettes pendant qu'il lui caresse le garot. Allons Bijou, (c'était son nom) rentrez à l'écurie
maintenant, vous savez bien que ce n'est que
demain. L'animal hoche deux fois la tête comme
pour dire je le sais bien et fut prendre sa place
au ratelier.—Vrai, Monsieur, il ne lui manque
que le baptême, à ce petit animal. On a bien raison de dire qu'il y a des bêtes qui ont plus d'esprit que des personnes naturelles. Oh! là, hé!
dit-il, en s'adressant à un postillon, voyez cet im-
bécille qui veut monter à cheval sans avoir atta-

ché la sous-ventrière ; —puis se retournant vers moi. Ah ! ben, oui, dit-il, que Bijou serait tranquille comme ça si c'était aujourd'hui samedi ! c'est que voyez-vous, ce jour là il travaille beaucoup plus fort, et pour lui donner courage on le régale d'un picotin d'avoine lorsqu'il vient de boire. Alors vous auriez beau dire, mon petit Bijou par-ci, mon petit Bijou par-là... ou ben faire le méchant en criant bien fort, Bijou rentrez à l'écurie... y rentrerait pas ! ah ! ah ! cré-coquin, y rentrerait pas avant qu'on lui eût donné sa ration. Vous verrez plutôt demain. — En effet, le lendemain, à la même heure, le cheval revint de l'abreuvoir, et cette fois-ci il courut vers le garçon, sans que ce dernier l'eût appelé comme la veille, lui flaîra les mains, gratta la terre, avec pétulance, et se mit à hennir de toutes ses forces. Le garçon pour l'attraper entra dans l'écurie tenant à la main le picotin vide. Bijou le suivit l'oreille droite et agitant son fouet pour marquer son contentement. Mais trompé dans son attente, il sortit aussitôt, hennissant de plus belle et trépignant des quatre pieds jusqu'à ce qu'on lui eût apporté le regal extraordinaire. Je le vis les autres jours de la semaine rentrer tranquillement sans rien demander ; mais le samedi d'après, ce fut la même cérémonie. Encore des exigences et des hennissemens sans composition possible que rigoureuse observation du droit acquis.

CHEVAUX AMATEURS DE MUSIQUE.

M. Bonnet, dans son *histoire de la musique*, dit : étant en Hollande en 1688, j'allai voir la maison de plaisance de milord Portland; je fus surpris de voir une belle tribune dans sa grande écurie : je crus d'abord que c'était pour faire coucher les palefreniers. Mais l'écuyer me dit que c'était pour donner des concerts aux chevaux. une fois la semaine, plaisir auquel ils paraissaient être fort sensibles.

Certainement nous ne doutons pas qu'une certaine perfectibilité sensitive ne rende ces animaux capables, sinon de comprendre le sens des phrases musicales, du moins d'éprouver ce plaisir d'entraînement que cause une harmonie à la fois simple et majestueuse ; mais nous croyons qu'on aurait de la peine à leur faire écouter de la musique si l'on mettait en même temps de l'avoine dans leur mangeoire.

LE CHEVAL DE CAPÈCE.

Charles, duc de Calabre, en Italie, rendait journellement la justice à Naples, assisté de ses ministres et de ses conseillers qu'il assemblait dans son palais. Et dans la crainte que les gardes ne fissent pas entrer les pauvres, il avait fait placer dans le tribunal même une sonnette dont le cordon pendait hors de la première enceinte. Un vieux cheval abandonné de son maître vint se gratter contre le mur et fit sonner: « Qu'on ouvre, dit le prince, et faites entrer qui que ce soit. » — Ce n'est que le cheval du seigneur Capèce, dit le garde en rentrant » ; et toute l'assemblée d'éclater. « Vous riez, dit le prince: Sachez que l'exacte justice étend ses soins jusque sur les animaux. Qu'on appelle Capèce. Qu'est-ce qu'un cheval que vous laissez errer, lui demande le duc ? — Ah, mon prince, répondit le chevalier, c'était un fier animal dans son temps. Il a fait vingt campagnes sous moi ; mais enfin il est hors de service, et je ne suis pas d'avis de le nourrir en pure perte. — Le roi, mon père, vous a cependant récompensé, reprit le prince. — Il est vrai, j'en ai été comblé de bienfaits. — Et vous ne daignez pas nourrir ce généreux animal qui eut tant de part à vos services ? allez de ce pas lui donner une place dans vos écuries, qu'il soit traité à l'égal de vos autres animaux domestiques, sans quoi je ne vous tiens plus pour loyal chevalier, et je vous retire mes bonnes grâces. »

LES CHEVAUX DU CIRQUE ROMAIN.

On lit dans Suétone que sous l'empire de Claude, à l'occasion de celui des jeux séculaires qui fut célébré au cirque, Corax, cocher de la faction blanche fut renversé de son siége en sortant de la barrière. Ses chevaux jaloux de la victoire, ambitieux des acclamations du peuple et des bruyantes fanfares qui accueillaient les vainqueurs, s'abandonnèrent à toute la fougue de leur courage, se précipitant avec une incroyable hardiesse, tantôt à droite, tantôt à gauche, pour couper les chars qui les suivaient de plus près, renversant tous ceux qui commençaient à les dépasser. Le courage du plus pétulant cocher, l'adresse la mieux exercée d'un homme habile n'eussent pas mieux fait pour la victoire que ces deux animaux. Ils courent, ils volent, rapides comme la flèche d'un Parthe, et comme aussi qui atteint son but, ils s'arrêtent d'eux mêmes à la trace de craie qui marquait le terme. Alors vous eussiez entendu, tout-à-coup, dans le cirque, comme le bruit de plusieurs cascades mêlé à celui de la foudre ; c'était le peuple qui applaudissait ; pendant ce temps là les deux chevaux frémissaient de plaisir, hennissaient de joie ; et, pliant leur cou avec grâce et fierté, ils semblaient dire aux romains : « Et nous aussi nous sommes vainqueurs. »

Pausanias parle aussi d'une cavale, nommée *aura*, qui reçut les honneurs d'un monument pour avoir, après la chute de Philolas, son maître, au commencement de la course, remporté une semblable victoire.

LE CHEVAL DES FANTOMES.

Ce jour-là Turenne avait un grand nombre

de convives à sa table. Le dîner tirait à sa fin lorsqu'un domestique vint lui apporter une lettre. — Mesdames, vous permettez..., dit-il, en s'inclinant un peu , et il se mit à lire. Puis, partant par un éclat de rire : Or ça , dit-il , voulez-vous des nouvelles de l'autre monde ? écoutez :

» Les esprits et fantômes du château de... ont l'honneur de faire savoir à M. de Turenne, qu'ils sont redevenus paisibles habitans de la terre. Ils le prient de vouloir accepter la riche monture qu'ils lui envoient , comme une preuve de leur gratitude pour le secret qu'il leur a gardé. »

Eh bien ! personne ne fait le signe de la croix ? j'invite tout le monde à venir voir un cheval qui a probablement pacagé le long des rives du Styx ; je suppose qu'il a des aîles, des pieds de bronze , et qu'il doit jeter des flammes vertes par la bouche, les yeux et les narines.

Tous les invités sourirent, mais il y avait sur les figures de chacun d'eux un étonnement mal dissimulé. On suivit Turenne. Cependant les dames , d'abord si jalouses du merveilleux, se placèrent en arrière. Un instant après elles caressaient à l'envie le bel animal qui n'avait rien d'infernal et qui se faisait remarquer par la supériorité de ses formes et la richesse de ses harnais. Le domestique annonça que l'étranger qui lui avait remis la lettre, avait tout aussitôt pris la fuite sur un autre cheval.

Maintenant, dit Turenne, j'invite tout le monde à passer au salon, je raconterai l'histoire qui m'a valu le brillant cadeau que vous voyez-là. Les détails, je crois, vous en paraîtront singuliers.

.... En voyageant dans une province méridionale de la France, j'entendis parler d'un château inhabité, où il revenait, disait-on, des esprits. Curieux d'éclairer cette histoire, je fus coucher dans ce lieu. Sur le minuit, un spectre chargé de chaînes se présenta et me fit signe de le suivre. Arrivé dans une des salles basses du château, le fantôme secoua ses chaînes, une trappe s'ouvrit sous mes pieds, et je me trouvai au milieu d'une bande, dont je reconnus bientôt que la profession était de faire de la fausse monnaie. Le fantôme se dépouilla de son appareil lugubre et prit place parmi ses compagnons. « Homme téméraire, me dit le chef de la troupe, pourquoi donc es-tu venu t'engager aussi étourdiment dans ces lieux? Avais-tu besoin de te prouver à toi-même que ta raison ne croyait point aux fantômes, et ne pouvais-tu point deviner que ceux qui usaient d'un pareil stratagème avaient un puissant intérêt à n'être point reconnus. Sache donc qu'en entrant dans ce souterrain, tu as prononcé ton arrêt de mort. — Mais toi, qui prétends m'effrayer de l'idée de mourir, sais-tu bien à qui tu as affaire ? ignores-tu que je suis Turenne, et que si je ne sors pas d'ici, on viendra m'y chercher ?

Oh ! vous êtes Turenne ! dit le chef, un peu dérouté dans ses menaces, et adoucissant un peu son rude parler ; nous savons que nous avons affaire à un homme d'honneur, et nous allons vous le prouver, en nous livrant à votre discrétion. Puis, reprenant son ton de chef de bande : donne nous ta parole de ne point parler de ce que tu as vu, avant six mois, et nous te laissons la vie sauve. Je vous le promets, leur répondis-je.

Alors le chef, prenant la physionomie d'un homme qui sait consommer un crime lorsqu'il le juge nécessaire. « Turenne songera, ajouta-t-il, que s'il trahit sa parole, en quelque lieu qu'il soit, et quelque précaution qu'il prenne, sa mort ne tardera pas à venger la nôtre.

Dès lors, les portes me furent ouvertes, je pus sortir librement du château, et j'allai rejoindre mes gens en présence de qui je fus bien obligé de convenir que j'avais vu des choses extraordinaires, et que l'on ne pouvait réellement point y entrer sans risquer de perdre la vie. Vous conviendrez que je disais à peu près vrai, et que je ne fis qu'un mensonge de restriction. Tout autre, je pense, en eût fait autant à ma place. Jour pour jour, il y a bien un an que cela m'est arrivé. Je ne serais point étonné que quelqu'un de vous ne se trouvât au spectacle ou à l'église avec l'un de ces fantômes qui doivent avoir maintenant la figure de très-honnêtes gens.

LA MULE COURAGEUSE.

Nous avons lu le trait que nous allons raconter, dans l'*histoire des animaux,* par MM. Arnould de Nobleville et Salerne.

Un gentilhomme florentin avait une mule assez jolie, mais si vicieuse, qu'il était impossible d'en tirer le moindre parti. Toujours en état d'attaque et de rebellion, elle maltraitait des dents et des pieds tous ceux qui l'approchaient. Tous moyens de la dompter étaient devenus inutiles; son maître résolut de l'exposer aux bêtes de la ménagerie du grand duc. La voilà dans l'arène, promenant de tout côté son œil taquin et à demi sournois. Cependant un lion entre dans la cour, on dirait qu'il a des charbons ardens dans ses prunelles. Il pousse des rugissemens affreux, sa crinière se hérisse, tout son corps se balance, ses mouvemens, d'abord allongés, deviennent plus heurtés et plus brusques. Il va s'élancer....., mais d'où vient qu'il s'arrête et qu'il paraît hésiter ? on dirait d'un grand capitaine qui pressent une défaite honteuse ! C'est que la mule ne s'est point émue à son approche ; elle savait que la ruse peut facilement venir à bout du courage. Voyez comme elle s'est placée prudemment dans un coin de la cour, la tête dans l'angle de la muraille et la croupe tournée du côté de son terrible adversaire. Dans cette situation, elle l'attend, l'observe du coin de l'œil. Le lion si puissant, si fort, en est pourtant reduit aux petits moyens ; il rôde, s'inquiète, tourne, retourne, se blottit, se relève, s'élance et il est étendu à terre par une si furieuse ruade, qu'il en a dix dents de brisées. Comme bien vous devinez, il se tint pour averti et se retira.

LE CHEVAL DU VIVANDIER.

On lit dans Elie, que le cheval d'un Athénien, nommé Soclès, avait son maître en telle affection, qu'ayant été vendu à un étranger, il se prit d'une telle douleur, qu'il refusa toute nourriture et se laissa mourir de faim. Le trait suivant est tout-à-fait du même genre.

Un anglais exerçant la profession de vivandier, avait un joli petit cheval brun qu'il nommait *Capdy*. Cet animal, qui prenait une large part dans les travaux de son maître, jouissait auprès de lui de toutes les faveurs d'un ami intime. Les malheureux ont toujours des amis ; c'est une loi de compensation. Cet homme se serait bien gardé de faire le plus petit repas sans avoir son cheval à ses côtés. Il partageait avec lui le pain qui trop souvent est en Angleterre le luxe des pauvres, parfois même, il lui donnait une portion de vin, comme s'il eut songé que lui aussi, le pauvre animal, avait des chagrins à noyer. Il croyait bien en effet, que son cheval portait, en ami, la moitié du fardeau de ses peines.

Hélas ! l'amitié qui est la fortune du pauvre, n'est pas plus assurée que l'opulence des heureux de la terre : lors de la fameuse bataille de Maupertuis, gagnée par le prince Noir sur le roi Jean, le vivandier anglais fut tué et pillé par des archers Poitevins. L'un d'eux s'adjugea le petit cheval. Pauvre *Capdy !* le voilà traité comme un cheval vaincu. Oh ! comme il lui tarde de revoir son maître, son cher vivandier qu'il croit encore vivant ! hélas ! se dit-il, il a de trop la moitié de son pain, car il me regrette. Cependant une occasion se présente ; *Capdy* s'échappe ; il s'enfuit à travers la campagne, arrive, sans se tromper, jusqu'aux environs de Boulogne, et traverse à la nage le Pas-de-Calais jusqu'à Douvres. Que son cœur était gros d'allégresse !

il était à sept lieues de sa petite ville ! Qu'est-ce que cela pour un cheval qui court auprès d'un maître qu'il aime ? Le voilà déjà à la porte de la chaumière, hennissant, piaffant de bonheur. Les voisins charmés de le revoir, lui prodiguent leurs caresses, lui donnent à manger ; mais son maître, où donc était son maître, pour qu'il ne vînt pas le voir ?... Hélas ! il était mort de la main des ennemis ! et lui aussi, le pauvre *Capdy*, mourut peu de jours après de douleur et de chagrin.

TESTAMENT EN FAVEUR DES CHEVAUX.

On lit dans le testament du comte de Lei-trim, seigneur irlandais, un article ainsi conçu: « J'ai, pendant trois jours entiers, consulté la raison et l'humanité pour savoir comment je disposerais des biens qu'il faut que j'abandonne ; je me trouve assez fort pour me mettre au-dessus des préjugés. Ainsi, quoi qu'en puisse dire le monde, j'ordonne et je veux ce qui suit : Pour que les amis fidèles qui m'ont servi long-temps et ont contribué à mes plaisirs, sans être excités par le vil appât du gain et des récompenses, puissent, autant que la nature le permet, ressentir les effets de ma reconnaissance, je laisse au sieur Morand, mon ancien ami, quatre acres et demi de pâturage, pour être par lui appropriés à l'usage et au profit de mes deux vieux et fidèles serviteurs, ma jument baie et mon cheval châtain à courte queue. La première m'a porté pendant plus de vingt-un ans, et le second a servi à mon domestique pendant onze années. Je veux que ces deux excellentes créatures soient mises en possession desdits quatre acres et demi et de l'écurie bâtie tout exprès sur ce terrain, et qu'elles en jouissent sans empêchement ni trouble pendant toute leur vie. Le tout sera reversible, après leur mort, à Samuel Brun, mon valet, à qui je confie le soin de mes susdits amis et domestiques, et à qui j'ordonne que l'on paie, tant qu'ils vivront, la somme de quinze livres sterling (360 fr.). Comme je connais l'amitié et les attentions qu'il a toujours eues pour eux, je meurs en paix. »

En 1782, le parlement de Toulouse confirma le testament d'un paysan qui avait institué pour son héritier, un cheval qu'il aimait, en ajoutant qu'après sa mort, ce cheval appartiendrait à un de ses neveux.

COURAGE D'UNE CHÈVRE.

Le directeur de la compagnie française au Sénégal, M. Bruce, rapporte qu'on amena dans l'île de Saint-Louis, tout un troupeau de chèvres qu'on avait acheté des Maures. Dans ce même temps, il y avait dans le fort un très-beau lion. A la vue de ce terrible animal, toutes les chèvres éprouvèrent des vertiges de fureur, et prirent la fuite, en sautant les unes par dessus les autres. Mais une d'entre elles, véritable Amazone, cachant un courage martial sous les formes timides de son espèce, le regarda avec toute l'audace d'un adversaire qui veut essayer ses forces. D'abord elle fit un pas en arrière, tactique nationale et très-ancienne, au moins de mémoire de chèvre, puis elle s'avança contre lui les cornes baissées. Les plus grands généraux ont eu des momens de faiblesse ; le roi des animaux fut tellement effrayé de cette manœuvre, qu'il se mit, comme un chien, entre les jambes du directeur, pour éviter les attaques d'un ennemi qui manœuvrait si singulièrement.

Pline rapporte que Macius dit avoir été témoin du trait suivant: deux chèvres, dit-il, se rencontrèrent au milieu d'un pont large et étroit, qui, vu son peu de largeur, ne leur permettait point de passer en même temps ; au reste, il y avait danger pour l'une et l'autre de se retirer et d'aller en arrière (je connais telles gens d'esprit flattés qu'on leur cède le bout du pavé, qui n'eussent pas trouvé de meilleur moyen que de se disputer le passage). Voilà ce que firent les chèvres: effrayées qu'elles étaient par le bruit du torrent qui courait en se heurtant avec fracas, elles n'osaient se résoudre à sauter. Une d'elles prit alors le parti de se coucher sur le ventre, et l'autre passa outre, en lui marchant sur le corps. Que le lecteur appelle cela comme il le voudra, intelligence ou instinct. Je proposerais qu'on fît graver ces deux chèvres sur la porte des juges-de-paix.

LE CHIEN D'ANACRÉON.

Un jour Anacréon se rendait à Théos, accompagné d'un domestique qui portait un sac d'argent, et d'un chien qu'il affectionnait beaucoup. Le domestique fut forcé de s'écarter un instant de la route et de s'arrêter un instant dans un lieu écarté. Je n'ai pas besoin de dire ce qu'il allait y faire. Le fait est qu'il oublie de reprendre le sac qu'il y avait déposé. Arrivé à Théos, Anacréon demanda tout d'un coup où donc est mon chien? et le domestique, où donc est mon sac? Il est très-probable que le maître fit des jurons et que le domestique eut l'air de bailler aux corneilles. Toutefois Anacréon ne pouvant terminer ses affaires, faute d'argent, retourne à sa campagne pour en chercher d'autre. Mais à peine est-il arrivé à l'endroit où son domestique s'était arrêté, que le chien court à lui et lui indique à sa manière le lieu où était le sac qu'il s'était cru obligé de garder. Bon chien ! mauvais domestique ! Tirez la morale.

LES WIGS ET LES TORRYS.

On lit, dans les *Nuits Péruviennes*, l'histoire de deux petits chiens qui furent condamnés dans le siècle dernier, en Écosse, à être pendus, et qui le furent réellement. Les infâmes ! ils s'étaient rendus coupables de porter le nom de deux hommes dont les cabales avaient entraîné la révolution de 1688.

M. Gibs, marchand à Aberden, s'était permis de nommer *Wigs* et *Torrys* deux petits chiens qu'il avait ; le fait était grave, aussi les magistrats de cette ville prirent connaissance de cette affaire, et condamnèrent les deux chiens à être pendus, ce qui fut exécuté pour le repos de l'Angleterre.

LE CHIEN D'HÉSIODE.

On lit dans Plutarque qu'Hésiode, célèbre poète grec, fut tué par les Lucriens, qui le jetèrent dans la mer ; mais son corps ayant été porté jusqu'à terre par des dauphins, on reconnut le meurtre. Le chien d'Hésiode se prit d'un tel acharnement contre les enfans de Ganistor-Naupactien, qu'ils furent accusés d'être les auteurs de cet assassinat ; ils furent punis de mort lorsqu'on eut acquis la certitude de leur crime.

LES CHIENS
ÉLEVÉS AU SOUVERAIN POUVOIR.

Ce n'est pas à dire qu'il y ait eu des chiens usurpateurs, qui aient voulu régner par le droit de leurs incisives. Les chiens sont modestes, peu jaloux de commander, peu enclins à l'aristocratie. Un article de leur charte dit que tous les chiens sont égaux devant un os. Cependant bien qu'aucun d'entre eux ne voudrait gouvernementer ses semblables, il s'en est pourtant trouvés qui ont consenti à régner sur des peuples de notre espèce.

On rapporte que vers l'an 230 de l'ère vulgaire, Osten fils, roi de Norwège, ayant été élu roi de Suède, et les Norwégiens, exaspérés des cruautés de son père, assassinèrent ce dernier. Le fils, pour venger la mort de son père, fit mettre tout à feu et à sang, et leur donna en qualité de roi *Suening* son chien.

Au rapport d'Elieu, quelques peuples d'Etiopie avaient aussi pour roi un chien qui était consulté dans les grandes affaires. Chacun de ses gestes ou de ses mouvemens était interprêté comme autant d'expressions d'une langue divine qui leur parlait sagement leurs intérêts. Pline ajoute que les Tocmbars obéissaient et rendaient hommage à un chien. Dancuns prétend que le meilleur des rois est le plus inutile. Que vous ensemble ?

8.

VAILLANT.

Dites-moi, monsieur le sénateur, vous avez donc battu ce pauvre *Vaillant*, qu'il est revenu de la chasse si long-temps avant vous? voyez plutôt comme il vous regarde de travers. — Ah! le vilain farceur, dit le sénateur en riant, il ne vous a rien conté de la leçon qu'il vient de me donner. Tenez, je gage que dans son cœur il me meprise beaucoup plus que le dernier des roquets de sa connaissance.

A peine étions-nous en pleine campagne, que *Vaillant* fait lever une volée de perdrix; je tire dessus, il cherche, cherche encore, puis me regarde avec méfiance; je n'avais rien abattu. Cependant le voilà qui se met en quête, car probablement, il avait dit, à part soi, que le plus adroit chasseur peut avoir des coups malheureux. Encore une volée qui part, je tire et je ne tue.... rien. Pour cette fois je crois qu'il murmure quelque chose d'impertinent, je n'en suis pourtant pas sûr, mais ce qu'il y a de positif c'est qu'il paraissait singulièrement vexé. Enfin il se met une troisième fois à la découverte, fait lever une troisième compagnie qui se retire en bon ordre sans avoir à regretter personne. Pour cette fois je vois *Vaillant* revenir vers moi, et qui se met à tourner autour de mes jambes; je crus d'abord qu'en traçant cette espèce de cercle, il voulait me signifier qu'il n'y avait pas de plus grand maladroit que moi sur toute la terre ; mais voilà qu'il lève une pate , pisse contre mes bottes et prend la fuite ! d'honneur ! il a pissé contre mes bottes, et le sénateur se prit à rire de plus belle.

FINETTE.

M. de Saint-Gervais raconte le trait suivant, dont il a été lui-même témoin dans un des salons de Paris :

On rencontre assez souvent dans les rues de Paris , dit-il, un homme qui joue du galoubet et du tambourin , et qui conduit par la bride un petit âne, accompagné d'une douzaine de chiens traînés dans un chariot, par un gros dogue , habillés , les uns en arlequin , d'autres en pierrot, en marquis, en commissaire, etc., qui se tiennent droits , et vont tout en sautant sur leurs pattes de derrière , dansant le menuet, la gavotte , et tendant le chapeau pour faire la quête parmi les spectateurs rassemblés autour d'eux. Un jour que cette troupe passait dans l'île Saint-Louis , on sonne avec force à la porte de l'appartement où je me trouvais avec une nombreuse compagnie ; un domestique ouvre, et nous voyons entrer dans le salon , une dame de quinze à dix-huit pouces de haut, costumée comme la comtesse d'Escarbagnas, qui nous fait mille révérences en sautant avec joie. Est-il possible ! s'écrie la dame de la maison, c'est *Finette*, c'est ma chienne ! et voilà tout aussitôt la vieille comtesse dans les bras de la jeune dame qu'elle accable de caresses. Cette petite bête, pleine d'esprit et de gentillesse, était perdue depuis trois mois. L'instituteur des chiens l'ayant rencontrée, et lui jugeant des dispositions, l'avait placée dans sa troupe dansante, et ce n'était pas l'acteur le moins avisé. *Finette*, passant devant la porte de sa maîtresse, reconnut sa maison : sauter en bas du chariot qui la conduisait, et gagner l'appartement, avait été l'affaire d'un instant. Le directeur de la troupe canine s'apercevant de sa désertion, se présente pour la réclamer ; mais à peine *Finette* l'a-t-elle aperçu, qu'elle arrache sa coiffure, sa robe, et va les déposer à ses pieds, comme pour lui dire : Voilà ce qui t'appartient ; emporte, et moi je reste. Ce dernier trait enchante toute la compagnie ; on paie au maître des chiens tout ce qu'il demande pour indemnité de la nourriture, de l'entretien et de l'éducation de *Finette*. La dame acheta en outre l'habillement de comtesse, et pendant cette soirée, *Finette*, dans son costume, fit l'amusement de toute la compagnie.

CHIENS SAUVEURS

C'était en l'an 1616 ; le pont St-Michel vint à s'écrouler. La consternation fut grande. — Quelle était le nombre des victimes ? — Personne n'en savait rien. Cependant les spectateurs entendent du milieu des ruines les aboiemens d'un chien. Quelques personnes se mettent à déblayer et l'animal s'élance sain et sauf. Après cela il se fit un silence affreux ; l'on n'entendait que le bruit des flots qui, se heurtant contre les décombres, semblaient ricaner de l'horrible sinistre qu'elles venaient de causer.

Cependant le chien qui venait d'être délivré se jette spontanément à travers les débris du pont, il flaira, tantôt d'ici, tantôt de là, puis s'arrêtant dans un endroit, il gratte, aboie d'une façon dolente et tourne des yeux supplians vers la foule ; quelques ouvriers ne doutant point qu'il n'y eût là une victime, se mettent à fouiller et retirent enfin un jeune enfant qui devait sa vie à l'heureuse combinaison de deux poutres qui s'étaient croisées sur sa tête et qui l'avaient garanti de toutes blessures.

Dans le mois de Thermidor, an XII, un chien retira du milieu de l'Oise un enfant qui se noyait. Ce chien appartenait, dit-on, à M. Drulin de Pont-Saint-Moxence.

On raconte que la même année un vaisseau

autrichien sombra dans le canal de Constantinople. Le capitaine dût la vie à son chien qui l'aida à gagner le rivage.

Le froid avait saisi deux voituriers de Burgembach ; ils tombèrent dans la neige après avoir perdu toute connaissance. Le chien qui les suivait, plus rude à supporter la rigueur de la saison, courut aussitôt vers le village voisin. Qu'a donc ce chien, disaient les passans ? car le pauvre animal se jetait à l'encontre de tout le monde, en poussant des cris de détresse. Il tirait celui-ci par ses vêtemens, se couchait aux pieds de celui-là, puis tout-à coup se mettait à courir dans la direction des deux pauvres voituriers, en retournant la tête à chaque instant, comme s'il eut voulu dire : » suivez-moi de grâce!»

Enfin, quelques personnes devinant le sens de cette intéressante pantomime, se décidèrent à le suivre, pensant bien qu'il était arrivé quelque malheur. Elles ne tardèrent point à découvrir les deux malheureux qui étaient sur le point d'expirer. Ce fait est arrivé près de Montmédy, le 18 février 1807.

Lors d'un incendie de Péra à Constantinople, la maison d'un interprête grec fut envahie par les flammes. Grâce au zèle de quelques janissaires, il avait pu sauver tous ses effets. Mon enfant! sauvez mon enfant! s'écriait le malheureux père, qu'importe ma fortune ! mais l'incendie avait enveloppé toute la maison d'un réseau de flamme ; le feu dégorgeait par toutes les issues. La foule était dans la consternation. Le malheureux père était immobile et muet de douleur, lorsque tout-à-coup un gros chien s'élancé de la maison, emportant à sa gueule un enfant qu'il tenait par ses langes.

LE CHIEN DE SOLBACH.

Ce soir-là toute la commune de Solbach était en émoi. Un grand malheur venait de jeter le trouble dans deux familles pauvres mais généralement aimées. Les communes de Widers- pach et Wualderspach mêlaient le tintement lamentable de leur tocsin à celui de Solbach, tous les habitans munis de pistolets, de fusils, de lanternes parcouraient les montagnes. Une armée de chien en quête précédait la foule des paysans. L'inquiètude régnait sur tous les visage. Se préparaient-ils à une lutte ? couraient-ils à une chasse ? rien de cela n'eût paru vraisemblable à un observateur qui eût bien apprécié la marche et les mouvemens de ces pauvres paysans. Mais bien certainement un habitant de grande ville n'eût point expliqué cette espèce d'émeute triste et silencieuse au milieu de laquelle se trouvaient autant d'hommes que de femmes, celles-ci pleurant à chaudes larmes. Eh ! mon Dieu, ce n'était rien en effet, que deux enfans qui s'étaient perdus pendant la journée dans la forêt de Schintal, aux environs de Strasbourg ; leurs parens les avaient cherchés inutilement toute la journée, et maintenant que la nuit était survenue, tout le monde était venu à leur secours. C'est que, voyez-vous, les enfans de laboureur sont une richesse pour lui, parce que tous les membres d'une famille sont utiles. Il n'en est pas de même pour les riches, qui pour la plupart n'ont plus qu'à se ruiner ; ils ont toujours assez d'enfans pour cela. C'était un singulier spectacle que tous ces feux errans dans une obscurité profonde, que ce deuil à main armée, silencieux comme un convoi de mort. Hélas ! toute recherche avait été inutile, lorsque tout-à-coup un des chiens qui précédaient en éclaireurs, accourt en aboyant avec joie, puis retourne sur ses pas en bondissant. La foule le suit et l'on trouve les deux enfans endormis dans la neige. Des acclamations, des coups de pistolets et de fusils annoncèrent l'allégresse générale, et l'animal intelligent fut reconduit en triomphe.

LE CHIEN DE LOUIS XIII.

Un enfant peut gouverner des hommes, et alors Dieu protège le royaume, tandis que le roi s'amuse; ainsi en fut-il de Louis XIII, qui eut le septre de France en guise de hochet et qui commença par aimer un jeune chien, qui lui faisait perdre tout le temps qu'il eût dû consacrer à son instruction. Cependant David Rivault son précepteur, ennuyé de ce que cet animal venait sans cesse troubler ses leçons, lui donna un coup-de-pied. Louis XIII transporté de colère, usa de ses droits et frappa son précepteur. Plus tard il n'osa point être assez roi pour sauver de la mort Cinq-Mars, innocent; mais c'est qu'alors il était devenu la bête de somme de Richelieu. Cependant sa jeune majesté voulut bien convenir qu'elle avait tort, et son précepteur voulut se reconcilier avec elle moyennant un évêché; mais la mort sans laquelle on avait compté, se pressa d'enlever messire Rivault avant qu'il en pût jouir.

LE CHIEN

DE L'ABBÉ TRENTE-MILLE-HOMMES.

Les anciens habitans de Luxembourg peuvent se rappeler M. l'abbé *Trente-mille-Hommes*, nouvelliste intrépide, qui avait acquis ce nom par la fermeté avec laquelle il décidait des droits et des intérêts de tous les souverains de l'Europe, moyennant *trente mille hommes* d'une nation ou d'une autre, qui, à sa volonté, passaient les rivières, gravissaient les montagnes , prenaient les villes, gagnaient les batailles. Disciple de Turenne, il n'était pas pour les grandes armées ; trente mille hommes suffisaient à tout. L'ardeur guerrière de cet abbé ne pouvait souffrir le casernement. Il arrivait au jardin de bonne heure , déjeûnait au café de la Grande-porte , dînait chez le Suisse de la porte des Carmes, buvait le soir une bouteille de bière , et mangeait conjoitement avec son chien, six échaudés à la porte d'Enfer, ne quittant la place que lorsque les Suisses l'avaient plusieurs fois prié de sortir. Les jours de pluie, il restait chez l'un des trois Suisses, à lire, relire et commenter la gazette , adressant la parole à son chien , lorsqu'il n'y avait pas d'autre compagnie. Il mourut. *Sultan*, son fidèle ami, chien-loup de moyenne taille , d'un gris-roussâtre , dédaigna de prendre un autre maître , quoique plusieurs amis de l'abbé lui eussent offert un asile. Depuis long-temps son domicile le plus habituel était le jardin. Il y resta, couchant sur les chaises quand il faisait beau, et dessous dans le mauvais tems.

Il conservait de l'affection pour le groupe des nouvellistes , les suivait dans leurs lentes promenades, s'arrêtait avec eux durant leurs longues stations , regardait attentivement les figures qu'ils traçaient sur le sable, obtenait aisément des preneurs de café au lait, quelques morceaux de pain, des buveurs de bière, quelques échaudés qu'il saisissait en l'air à merveille, et des pratiques du traiteur, quelques autres débris.

Il ne tenait cependant pas si fortement au Luxembourg, qu'il ne fût très-joyeux quand on l'invitait à dîner en ville; ce qui devint très-fréquent, lorsqu'on eut remarqué combien il était sensible à cette politesse. La formule était: « *Sultan,* veux-tu venir dîner chez moi? » Quelques-uns encore plus civils lui disaient: « Veux-tu me faire l'honneur de dîner aujourd'hui chez moi? » Il acceptait avec caresses, s'il n'était pas engagé. Au contraire, s'il avait déjà promis, après un petit signe de reconnaissance, il allait se ranger à côté du premier invitateur. Il l'accompagnait pas à pas, bondissant en sortant du palais; dînait de grand appétit, et, tant que durait le festin, faisait mille gentillesses, était bon convive. La nappe enlevée, il attendait quelques momens, témoignant encore de la satisfaction. Ensuite il demandait poliment à sortir; et si l'on tardait à ouvrir la porte, il gémissait, puis se courrouçait.

On a souvent essayé de le retenir. Il s'échappait, et ne se rapprochait plus de ceux qui avaient voulu transformer une marque de bienveillance en un titre d'esclavage. Un maladroit, qui peut - être l'aimait, mais qui n'était pas assez délicat pour sentir qu'on ne peut conquérir par la force une âme élevée, osa le faire attacher. *Sultan* fut dans l'indignation, mordit l'exécuteur, rongea la corde, s'enfuit au galop, et n'a jamais rencontré ce faux et perfide ami, sans lui reprocher sa trahison par de violens abois, ni sans terminer la querelle par un geste méprisant.

J'ai connu *Sultan*, dit M. Dupont de Nemours, membre de l'Institut, qui raconte cette histoire ; il m'a fait plusieurs fois l'honneur de dîner chez moi, parce que je respectais scrupuleusement sa liberté. Il y restait même plus long-temps qu'ailleurs, parce qu'il s'était convaincu qu'on lui ouvrait la porte à sa première réquisition.

LES CHIENS DE CREBILLON.

L'homme qui a jeté dans ses tragédies tant de génie et tant de sang, dont la muse avait la tête hérissée de serpens, comme si elle eût été la sœur des Euménides, Crébillon avait des habitudes douces, des joies d'enfant, et avait pour le chien le plus tendre penchant. Vous l'eussiez vu cet autre Saint-Vincent des petits chiens délaissés, les ramasser dans la rue et les emporter sous son manteau. Sans exception de naissance ou de beauté, tous recevaient asile et protection ; qu'ils portassent la queue en trompette ou non, qu'ils eussent les quatre pattes blanches comme la chienne de Diane, la tête bien faite ou mal coiffée, peu lui importait, ils avaient tous une part égale à ses affections ; mais cependant il exigeait de chacun d'eux certains exercices et de la bonne volonté à s'instruire. *Paresseux comme un chien*, dit encore le proverbe ; l'auteur de Rhadamiste s'indignait que la race caniche n'avait rien fait pour se venger aux yeux de la société, d'un reproche aussi honteux, aussi avait-il à cœur que tous les chiens qu'il recevait chez lui, se distinguassent par le travail : s'ils se montraient incorrigibles, flâneurs et rebelles à ses leçons, il les reprenait sous son manteau et allait les remettre bien au juste sur le pavé où il les avait ramassés, mais cette mesure rigoureuse coûtait à son cœur, il détournait les yeux et se retirait en gémissant.

Dans *son voyage en Laponie*, Regnard cite un chien qui faisait dans ce pays l'office de nos berceuses d'enfant. « Nous entrâmes, dit-il, dans une cabane, où nous trouvâmes une femme qui donnait à téter à un petit enfant. Un arbre creusé et plein de mousse fine, était suspendu au plancher, et servait de berceau. Quand la mère eut placé son enfant, le chien de ces bonnes gens vint mettre ses deux pattes de devant sur le berceau, et lui donna du mouvement, ainsi qu'aurait pu faire une personne.

LE CHIEN DE XANTIPPE.

Plutarque, toujours si empressé à recueillir tout ce qui peut instruire les hommes, et leur donner de salutaires leçons, propose pour exemple d'attachement les chiens des Athéniens, à l'époque où ce peuple, menacé par les armées innombrables de Xerxès, s'embarqua pour Salamine. On a pu remarquer souvent que les animaux domestiques affectent de montrer par une certaine attitude qu'ils prennent part au deuil qui règne dans la maison de leurs maîtres ; ce fut pitié, dans cette circonstance, de voir les chiens courir çà et là, et pousser de tristes hurlemens, comme s'ils eussent voulu conjurer les Athéniens de ne point les abandonner.

Le chien de Xantippe fut celui qui montra le plus de dévouement pour son maître, aussi la postérité en a-t-elle conservé la mémoire. Ce pauvre animal ne pouvant supporter l'absence de son maître, se précipita dans la mer, et continua de nager près de son vaisseau jusqu'à ce qu'il eût abordé presque sans force à Salamine où il mourut de fatigue. Plutarque dit qu'on montrait encore de son temps l'endroit où avait été inhumé ce fidèle animal,

et qui prit de cet événement le nom de *sépulture du chien.*

LE BARBET GÉNÉREUX.

L'on ne tarirait pas si l'on voulait raconter
tous les beaux traits de l'intelligence prodigieuse
des chiens. Il y en a qui paraîtraient incroyables
si des témoins occulaires n'étaient là pour les
attester, comme par exemple cette action gé-
néreuse d'un Barbet, connue de tous les habitans de Thionville.

L'hiver de 1824 était pendant quelques semaines fort rigoureux. La Moselle était prise,
et courant février, charriait des glaçons énormes.
Tout-à-coup, vers neuf heures du matin, on
vit une foule de personnes, surtout des soldats
(car la scène se passait tout prêt du quartier),
accourir sur les bords de la Moselle, pour voir
passer un chien qui se trouvait, on ne sait
comment, sur un immense glaçon qu'entraînait le torrent. Les cris de la pauvre bête,
au lieu de toucher de compassion les cœurs
des spectateurs, semblaient au contraire, les
réjouir beaucoup. A tout moment, quand le
glaçon était violemment heurté par un autre
qu'il rencontrait, le malheureux navigateur se
trouvait renversé, et près de s'engloutir, et
alors il pleurait d'une voix si lamentable,
qu'il faisait réellement pitié.

Aucun des assistans ne proposait de moyen pour venir au secours du naufragé qui grélottait sur son île flottante, lorsque le Barbet du meûnier accourut, jeune chien bien fait et plein d'une vivacité pétillante. Aussitôt qu'il avait aperçu son frère, il avait compris le danger qu'il courait, et se mit à répondre aux pleurs du pilote. Il courait implorer le secours des assistans, vola près de son maître qu'il amena à force d'instances, sautait, courait devant lui, hurlant, aboyant, pleurant, et lui montrait son frère en danger. Son maître, le meûnier, sans faire grande attention aux contorsions, aux prières, aux larmes de son intéressant Barbet, se rangea du côté des rieurs et s'amusa beaucoup de la détresse du chien malheureux dont la perte semblait inévitable. Le Barbet, voyant que tous ses efforts et ses supplications étaient en vain, prit tout-à-coup une résolution désespérée, et comme indigné de l'insensibilité des spectateurs, il courut se lancer au milieu des flots et des glaçons, bravant tous les dangers.... il nage, se presse, souffle, se hâte encore, et en moins de deux minutes il a atteint le char glacial du frère abandonné.

Il s'élança avec la même légèreté, avec la même adresse, sur le glaçon, où il est accueilli avec des caresses inexprimables, nous osons dire même avec des embrassemens pleins de tendresse et de reconnaissance.

A peine les premiers transports de leur joie étaient-ils un peu calmés, que le Barbet saisit son camarade par une oreille, l'entraîna et se lança avec lui au milieu des flots glacés, puis le dévance, nage comme pour lui en donner l'exemple, se retourne, le pousse, revient tantôt à côté, tantôt derrière lui, hurle pour l'exciter, pour l'encourager ; son frère, transi de froid, s'agite, redouble d'efforts, et bientôt ils atteignent tous deux, non sans peine, le bienheureux rivage. Ils ont touché terre, et ausstiôt nouveaux témoignages d'allégresse de la part du Barbet, nouvelles marques de gratitude de la part du naufragé. Ils sautent l'un sur l'autre, se caressent et s'embrassent, au milieu des applaudissemens prolongés des spectateurs.

Les soldats (il y en avait plusieurs centaines), avaient recueilli le chien sauvé par son frère, et lui donnèrent le nom de l'*orphelin du régiment*. Ils en eurent, en effet, le plus grand soin, et l'emmenèrent, lorsque, plusieurs mois après, le régiment partit de Thionville.

LA CANICHE MARTYRE.

Ainsi que Thionville, Landau (en Bavière, France lors de l'événement que nous allons raconter), Landeau fut témoin de l'affliction la plus touchante d'une caniche. L'attachement que les chiens en général ont pour les hommes, est tellement connu que personne n'élèvera de doute à cet égard. Le naturaliste n'a plus dans ses observations, qu'à s'occuper du plus ou moins d'intelligence et de sensibilité dont ces intéressans quadrupèdes sont susceptibles.

Il y avait un officier, en garnison à Landau, qui avait une caniche remarquable par la beauté de son corps, autant que par son affection pour son maître. Celui-ci aussi en raffolait et partageait avec elle les meilleurs morceaux de sa table. Lorsqu'il posait devant elle quatre ou cinq verres pleins de différentes sortes de vin, elle flairait avec réflexion, dégustait l'un après l'autre, puis ne manquait pas de choisir le meilleur, c'est-à-dire, le vin doux, comme Malaga, Lunel, etc. Quand son maître dormait, elle se couchait devant son lit, ou à ses pieds quand il était de garde. Tout cela n'étonne plus personne depuis que nous avons les immortels Munito et compagnie; mais un trait que la caniche a fait, les

Munito qui ont plus d'esprit que de sentiment, ne l'auraient peut-être pas fait.

Un jour que l'officier était au café, un de ses camarades qui lui en voulait pour cause de jalousie, lui fit une querelle d'allemand, laquelle se termina par une provocation à un duel pour le lendemain. Les deux champions, accompagnés de leurs seconds, se rendirent derrière les remparts. La fidèle caniche ne quittait pas les talons de son maître, qui, après un combat opiniâtre, tomba percé d'un coup mortel. La chienne aussitôt se mit à pleurer et à sangloter. Le lendemain, l'officier fut enterré sur le lieu même du combat, derrière les remparts. Dès ce moment l'animal dévoué ne quitta plus la tombe de l'ami de son cœur. Aux heures habituées du déjeûner et du dîner, elle allait tristement, la tête et les oreilles pendantes, à l'auberge où son maître avait été en pension. L'hôte en avait compassion et lui servait un ample repas; mais la pauvre bête ne prit que très-peu de nourriture, et s'en retourna se coucher sur la terre qui récélait les restes précieux de celui qu'elle pleurait; et elle pleurait en effet d'heure en heure, d'un ton si lamentable, si déchirant, qu'on avait vu plusieurs dames qui venaient avec les nombreux curieux pour la visiter, verser des larmes et éprouver une émotion fort -pénible.

Chaque jour, l'inconsolable amie, lorsqu'elle venait à sa pension , mangeait moins ; bientôt elle ne revenait qu'une fois par jour , puis seulement tous les deux à trois jours , enfin , elle ne venait plus : on la trouva morte victime de sa douleur, martyre de l'amitié.

Les officiers du corps firent faire à la chienne fidèle des obsèques magnifiques : elle fut enterrée aux pieds de son maître ; et pendant long-temps on pouvait lire sur son tombeau , cette touchante inscription :

Ci-git le parfait modèle
D'un cœur sensible et fidèle.
Humains , sa vie et sa mort ,
Sont une leçon utile ;
Pleurez son malheureux sort :
La douleur n'est point stérile ,
Quand elle apprend aux vivans ,
Qu'ils sont nés pour être aimans.

LE CHIEN DE L'HERMITE

Un hermite octogénaire et aveugle, qui avait pendant plusieurs années vécu d'aumônes , en allant avec son chien fidèle, de village en village, y était connu de tous les habitans. Sa retraite était dans les Vosges , aux environs de Ste-Marie-aux-Mines , où il habitait une petite baraque sur le revers d'une montagne couverte de sapins. Après quelque temps les habitans de la contrée ne virent plus paraître le vieillard. Ils pensèrent qu'il s'était peut-être établi dans une autre contrée, quand tout-à-coup ils virent venir le chien, ayant pendu au cou la besace de son maître, Il s'arrêta sous la croisée des maisons où l'hermite avait habitude de venir faire sa prière; le chien hurlait à voix basse comme pour imiter la prière du vieillard. En voyant ainsi le chien mendier son pain, ils ne doutèrent pas que l'anachorète ne fût malade et qu'il n'eût chargé son fidèle compagnon de malheur du soin de sa subsistance. Le curé du village se rendit aussitôt à l'hermitage, et y trouva le vieillard étendu mort sur une mauvaise paillasse; l'état de dissolution de son cadavre, annonçait même qu'il devait être expiré depuis au moins huit jours. Le curé le fit aussitôt inhumer convenablement.

Le chien continua encore long-temps à jouir de l'héritage de son maître, c'est-à-dire, de la possession de sa besace qu'il s'était lui-même passé au cou; et tous les soirs il rentrait régulièrement dans l'hermitage, se coucher sur la paillasse, pour recommencer sa ronde le lendemain de chaque jour, excepté le dimanche, jour où son maître ne quitta jamais sa demeure, employant une grande partie de la matinée à la prière. Le chien ne priait pas , mais il restait presque toute la journée couché au pied d'une énorme croix de bois vermoulu qui était au milieu de l'hermitage.

CHIENS DU MONT SAINT-BERNARD.

C'est une belle et bonne race de chiens , que celle des religieux du Mont Saint-Bernard. Ces animaux, dont la nature est pour ainsi dire toute providentielle , rôdent le long des sentiers étroits et tortueux, à la recherche des voyageurs qui auraient pu s'égarer dans les neiges. Ils portent ordinairement à leur cou une bouteille clissée, remplie d'eau-de-vie. On dirait que ces chiens ont au fond de l'âme une pensée philantropique , tant leur figure respire d'aménité hospitalière, lorsqu'ils vont offrir cette bouteille aux voyageurs terrassés de fatigue et raidis par les frimas de ce ciel rigoureux ; après leur avoir fourni le moyen de se rechauffer un peu , ils guident leurs pas mal assurés vers l'hospice.

Un jour qu'un de ces dogues faisait, selon sa coutume, sa pieuse ronde , il rencontre un petit garçon de six ans dont la mère était tombée au fond des neiges , et avait entièrement disparue. Pauvre enfant ! lui aussi le froid l'avait saisi, et il s'était couché au milieu du chemin, pleurant sa mère.... Cependant le dogue a prêté l'oreille, il a distingué des sanglots, il accourt auprès de cette nouvelle victime qui allait être sacrifiée à la faim et au froid, puis élevant la tête, il montre au jeune orphelin la liqueur restaurante. Mais, bien loin de comprendre cette offre, l'enfant s'épouvante, il tressaille, il fait un effort..... pour s'enfuir probablement; mais ses membres sont engourdis et cruellement enchaînés par le froid. Cependant, l'animal, devinant sa terreur, fait ses efforts pour lui inspirer de la confiance. Il lui passe la langue sur le visage, lui lèche les mains et les pieds, lui pose doucement la main sur la poitrine, comme pour lui faire entendre qu'il avait affaire à un ami dévoué. Il est une langue qui se comprend de tous les êtres animés, c'est celle des témoignages sympathiques; aussi le jeune enfant ne tarda-t-il point à se rassurer, puis à faire un effort pour céder aux instances de son nouvel ami. Hélas ! il avait repris assez de force pour lui rendre quelques caresses, mais ses petites jambes étaient encore trop raides pour le soutenir. De plus en plus compatissant à la faiblesse de ce pauvre petit, le chien, inspiré par sa bonne nature (le cœur fait des miracles), trouva un geste assez expressif pour lui faire entendre de monter sur son dos. L'enfant, recueillant toutes ses forces et bien certainement ranimé par le sentiment de sa reconnaissance, monta du mieux qu'il pût sur le dos du grand chien, qui le porta, avec la plus grande précaution, à l'hospice, où on lui prodigua tout ce qui lui était nécessaire.

Comme le chevalier Gaspard de Brandenberg traversait le mont Saint-Gothard, il fut emporté, lui et son domestique, par une avalanche qui les ensevelit tous les deux. Le chien qui les accompagnait, essaya de les retirer en grattant, mais devinant bientôt combien ses efforts seraient inutiles, il courut à un couvent qui se trouvait à peu de distance. Sa pantomime fut si expressive et si éloquente, qu'on se décida à le suivre. Arrivé à l'endroit fatal, il se mit à gratter un peu. Les personnes accourues se mirent à l'œuvre, et retirèrent, sains et saufs, le chevalier et son domestique.

LE CHIEN DU PRINCE D'ORANGE.

Il fallait qu'il fût bien laid et bien maigre, ce pauvre chien que tout le monde repoussait, jusqu'au prince d'Orange, qui le fit chasser par ses gens. Il faut savoir qu'il se présenta la première fois avec toute cette témérité que donne le désespoir et la faim. Il fut traité comme un misérable et mis à la porte, pour avoir eu l'inconvenance, lui malheureux chien, d'aller se réfugier sous la chaise d'un prince qui était à table. Le chien était du nombre de ces gens qui gagnent à être connus pour être appréciés, il ne l'ignorait pas. Aussi ne manquait-il jamais de revenir à l'heure des repas, et il savait si bien choisir ses momens, que le prince le trouvait toujours à ses pieds. Oh ! c'est un bon ami, dût se dire Maurice, que celui qui donne son amitié pour prix de mauvais traitemens ! Enfin, appréciant mieux ce pauvre animal, et peut-être frappé de sa constance, ou lassé de le rebuter tous les jours, il donna ordre qu'on le gardât. Ce fut le même chien qui, plus tard, fut si haut placé dans l'estime et l'amitié de son maître, que ce dernier, en mourant, lui légua une somme avec laquelle il pût vivre *honorablement*, une vieillesse longue et heureuse.

LE CHIEN A LA CULOTTE.

Un brave négociant de la rue Saint-Denis, se promenant un jour sur le boulevard avec un de ses amis, paria que son chien saurait découvrir et lui rapporter un écu de six francs caché dans la poussière. On tient le pari, on cache la pièce, après l'avoir marquée de manière à la reconnaître ; à quelque distance de là, le maître envoya son chien à la recherche : il retourne sur ses pas, tandis que les deux amis dirigèrent leur promenade vers la rue

Saint-Denis. Cependant l'écu avait été ramassé par un marchand forain, qui revenait de Vincennes, dans sa cariole, les pieds de son cheval l'avaient mis à découvert ; enchanté de l'heureuse trouvaille, il descendit la ramasser, remonta dans sa voiture et s'en alla à son auberge ordinaire, rue du Pont-aux-Choux. Le chien était arrivé précisément lorsque le marchand ramassait l'écu, il l'avait flairé et essayé de le lui arracher des mains. Loin de se décourager de son mauvais succès, notre chien suivit la cariole, entra dans l'auberge et ne voulait plus quitter le marchand, il était toujours à sauter autour de lui, alléché par l'odeur de l'écu qu'il sentait dans son gousset.

Le marchand séduit par les prétendues caresses de ce chien, et admirant sa beauté, voulut le garder, persuadé qu'il avait perdu son maître ; il le fit souper copieusement et l'emmena coucher auprès de son lit. A peine cet homme eut-il ôté sa culotte, que le chien s'élança dessus pour s'en emparer ; on crut qu'il voulait jouer et on la lui ôta. Alors il vint aboyer à la porte qu'il se fit ouvrir bien vîte, car on lui soupçonnait quelque besoin. Aussitôt le chien s'empara de la culotte et se mit à courir. Le marchand forain en fut en l'air, le poursuivant dans une inquiétude mortelle, car le gousset de sa culotte renfermait en outre de l'écu trouvé, plusieurs pièces d'or. Caniche courut ventre-à-terre jusque chez son maître où il arriva la culotte à la gueule suivi de près par le marchand tout essouflé et fort en colère contre ce chien qu'il traitait de voleur. Monsieur, lui dit le maître, mon chien est honnête, s'il vous a enlevé votre culotte, c'est qu'il y a dedans de l'argent qui ne vous appartient pas. Nouvel emportement du marchand. Calmez-vous, reprit en riant le maître du chien. Vous avez dans votre bourse un écu de six francs portant telle marque, vous l'avez trouvé sur le boulevard Saint-Antoine où je l'avais jeté, bien sûr que mon chien me le rapporterait. Le marchand stupéfait, rendit l'écu de six francs, reprit sa culotte et partit non sans avoir caressé ce chien, qui cependant l'avait tant fait courir et lui avait causé de si mortelles alarmes.

LE CHIEN DU SOLDAT.

Peu de temps après la campagne d'Espagne, sous l'empire, un militaire rentrait en France chargé de butin. Il était arrivé aux environs de Toulouse, et enchanté de la possession de tant de richesse, il exprimait son contentement à tous les hôtes de son auberge. L'aubergiste l'avertit en particulier de son imprudence et l'engagea à plus de circonspection envers les gens logés chez lui, parmi lesquels pouvaient se trouver quelques brigands. Bah ! dit le militaire, je ne crains jamais rien, qu'on vienne nous attaquer, mon chien et moi, nous pouvons nous défendre.

Il se leva de très-bonne heure et partit. A peine était-il à un quart de lieue de la ville, qu'il est arrêté par trois hommes qui le tuent sans lui laisser le temps de se mettre en défense. Quand son chien le vit étendu à terre noyé dans son sang, il attaqua l'un des assassins avec un acharnement inconcevable, parvint à le terrasser et l'étrangla. Ses deux complices, pleins d'effroi, cherchèrent un asile dans les branches d'un arbre sur lequel ils grimpèrent, espérant que le chien se lasserait bientôt de les assaillir ; ils se trompèrent étrangement. Au point du jour il passa des gendarmes qui entendirent crier au secours.... ils approchent de l'endroit d'où partaient les cris, et trouvent un chien aboyant avec fureur contre deux hommes perchés sur un arbre, s'écriant que le chien est enragé, mais comme ce prétendu chien enragé n'en voulait qu'à eux, les gendarmes les font descendre par force, et découvrent sur eux des traces de sang encore fraîches. Les coupables troublés assurent que ce sang provient des blessures occasionnées par les morsures du chien. Cet animal voulait toujours s'élancer sur eux. Cet acharnement et quelques autres remarques les rendirent suspects et on les arrêta. En poursuivant les recherches on trouve à vingt pas de l'arbre, deux corps morts ; le chien courut au cadavre de son maître, l'accabla de caresses et se mit à aboyer avec encore plus de violence qu'il n'avait fait. Les gendarmes visitent le cadavre du militaire, ils le reconnaissent blessé au cœur d'un coup de poignard. L'arme se trouvait encore toute sanglante à quelques pas de là. Quant au second cadavre, il conservait des traces évidentes de son genre de mort. Les coupables furent amenés à Toulouse conjointement avec le chien ; c'était le seul témoin à charge, la seule preuve. Mais elle était accablante et a suffi. Le chien montrait encore à tout le monde une douceur extrême, et se laissait caresser fort tranquillement. Mais il entrait en fureur aussitôt qu'on lui présentait les deux complices de l'assassinat de son malheureux maître. Ce fut sur cette confrontation réitérée à plusieurs reprises que les deux scélérats furent condamnés à la peine de mort. Ils avouèrent leur crime avant de subir leur condamnation.

LE CHIEN JEÛNEUR.

J'ai vu, dit l'auteur des *Conjectures physiques*, un chien qui jeûnait tous les dimanches jusqu'à quatre heures du soir, sans qu'on pût lui faire manger quelque chose que ce fût. On trouva après y avoir fait attention, la raison de cette sobriété singulière. Une personne qui ne manquait jamais ce jour-là de venir vers les quatre heures à la maison, lui apportait des amandes lisses dont il était très-friand, et lui en donnait tant qu'il en pouvait manger. Il ne voulait pas sans doute compromettre ce bon repas de sa façon, par un autre.

LE CHIEN ACCUSATEUR.

M. Delaplace, dans ses *pièces intéressantes*, raconte cette aventure extraordinaire, tirée des papiers anglais de 1748.

Un gentilhomme allant voir un de ses amis dans les environs de Coventry, dans le comté de Warwich, n'en était plus qu'à quelques milles, lorsque traversant un bois qui est sur la route, il se vit arrêté par un événement des plus tristes. Un grand et vigoureux dogue, qui l'accompagnait toujours dans ses voyages, s'étant écarté du grand chemin, son maître l'entendit hurler d'une manière épouvantable. Augurant alors quelque chose d'extraordinaire, et désirant s'en éclaircir, il quitte le grand chemin, s'enfonce dans le bois, s'avance du côté où il entend la voix de son chien et trouve cet animal flairant et léchant le visage d'une jeune fille qui nageait dans son sang. A ce spectacle, le sentiment de la pitié le précipite à bas de son cheval, pour voir s'il restait quelqu'espoir de la secourir ; mais la trouvant absolument sans vie et le sein percé de plusieurs coups de couteau , il reprend sa route, oppressé par ce spectacle et priant Dieu de livrer le coupable aux mains de lajustice.

Il avait à peine fait quelques pas lorsqu'il entendit les cris douloureux et désespérés d'un homme qui semblait aux prises avec quelques brigands. Le gentilhomme regarde, prête l'oreille, et distingue parfaitement l'endroit d'où provenait le bruit lugubre qui lui avait inspiré de funestes pressentimens : il s'arme de courage et vole au secours de la victime. Quel fut son étonnement lorsqu'il s'aperçut que c'était son chien dont il n'avait pas d'abord remarqué l'absence, et qui était aux prises avec un homme qu'il tenait à la gorge. Ce malheureux eut été déjà infaiblement étranglé s'il n'eut enveloppé son cou de ses deux mains que du reste le dogue déchirait à belles dents. C'était pitié de voir cet homme si affreusement mutilé et tout inondé de sang. Le gentilhomme appelle son chien à grands cris , mais c'est à peine si ses menaces et les coups nombreux qu'il lui porte peuvent lui faire lâcher sa proie.

Cependant le gentilhomme ne pouvait comprendre l'acharnement de son chien, dont il connaissait du reste l'obéissance et la docilité. Cette circonstance fit naitre des soupçons dans son esprit. Du reste, cette seconde scène de violence pouvait avoir un rapprochement singulier avec la première. Quoiqu'il en fût, il tâcha de dissimuler ; mais peu à peu sa fatale conviction se forma davantage. Il offrit à la victime de son chien tous les secours que semblait nécessiter sa position, banda ses plaies et lui fit entendre qu'il était responsable d'un pareil malheur, et qu'il devait payer au moins de sa bourse un tort qu'il ne saurait expier en excuses. « Je vais vous accompagner jusqu'au prochain village, ajouta-t-il, car sans cela vous risqueriez fort d'être de nouveau assailli par ce terrible animal. »

Enfin, ils arrivèrent à l'hôtellerie, sans pourtant que le dogue eût cessé un instant de garder son homme à vue. Le gentilhomme demanda le chirurgien du lieu, et apprenant qu'il n'y en avait point, sous prétexte d'en aller chercher un à quelques milles de là, il monta à cheval, recommandant à son hôte de bien surveiller le blessé. A peine une demi-heure s'était écoulée qu'il revint accompagné d'un constable escorté d'un bon nombre d'archers. — L'homme de loi reconnaissant le blessé, monsieur, dit-il au gentilhomme, c'est au moins là une grave indiscrétion que vous venez de me faire connaître ; vous avez cru me livrer un coupable, c'est un ami que vous me donnez, et certes je n'ai pas besoin de la force armée pour qu'il m'appartienne. — Quand ce serait votre parent, votre père, monsieur, moi je vous le dénonce comme un assassin, comme l'auteur d'un meurtre qui vient d'être commis dans un bois par lequel je viens de passer. Au nom de la loi, monsieur, qui défend toute acception de personnes, faites votre devoir. La position était cruelle pour le constable et son ami. — Mais le chien provoqua une recherche qui mit fin à tous les doutes : le gentilhomme qui avait remarqué que le chien ne cessait de flairer les poches du blessé, y plongea la main et en retira un couteau et un mouchoir ensanglantés. Le constable chancela d'épouvante, tout son corps fut agité d'une horrible convulsion, sa gorge s'enflait, ses lèvres tremblaient sans qu'il pût prononcer aucune parole. Enfin, par un effort inoui il s'écrie: « Ma fille! assassinée ! il a assassiné ma fille.... le scélérat! puis lui pressant les poings contre la figure, ah ! tu n'as pas oublié qu'elle devait porter à travers la forêt, de l'argent à mes créanciers, et tu l'as tuée pour cinquante guinées.... ma pauvre fille! En effet, on le fouille de nouveau et on trouve sur lui les cinquante guinées. Tout le monde pense bien que le coupable fut tout aussitôt chargé de chaînes et jeté dans les cachots où il avoua son crime avant de l'expier par le supplice des assassins.

LE CHIEN DE CHARENTON.

Un individu avait coutume de mener son chien tous les dimanches à Charenton, où l'animal prenait sa part dans les joyeux ébats de son maître. Mais l'esprit de l'homme est sujet à l'inconstance : l'homme du peuple comme le roi ont leurs jours de faveur et de tyrannie gratuite. Le fait est qu'on n'a point encore découvert pourquoi cet ouvrier rompit à son habitude, en laissant cette fois là son chien au logis. Ce dernier ne pouvait pas non plus s'en rendre compte. Du reste, dit-il, si c'est un tour qu'on a voulu me jouer, à partie révanche ; mon maître ne m'attrapera plus. Cependant nous voilà à la veille de dimanche, déjà la nuit du samedi avait commencé, le maître appelle son chien, il le cherche, mais inutilement, il avait disparu. Mais quel fut l'étonnement de l'ouvrier de trouver à l'entrée de Charenton, son chien qui saute, qui gambade en aboyant de joie. Le farceur était parti pendant la nuit sans tambour et sans trompette. Je soupçonne, moi, que ce chien raisonnait un peu ; qu'en pensez-vous ?

LE CHIEN CROTTEUR.

« Le diable emporte le chien ! s'écriaient souvent quelques individus dont la plupart cherchaient à envoyer un coup de pied à un barbet noir, qui ne manquait jamais de tremper dans le ruisseau ses grosses pattes velues, et venait les poser sur les souliers du premier passant. Dans le même temps, si l'on y eut pris garde, on eût vu sourir les voisins de l'hôtel du Nivernais, tandis qu'un décrotteur empressé de réparer le dommage, présentait la sellette et vous criait, d'un air malicieusement sournois : « Monsieur, faites cirer, voilà ! » Commencez-vous à deviner le stratagême, mon cher lecteur ? C'est que, voyez-vous, ce malencontreux barbet s'était entendu avec le décrotteur, son maître, pour lui faire avoir de la besogne, et pour peu qu'il le vit chômer, il allait tout aussitôt, comme je vous l'ai dit, potanger dans le ruisseau, puis ayant l'air de flaner comme un chien qui ne songe point à mal, il s'approchait du premier passant qui avait un peu bonne mine, et *pan* les voisins de rire, le décrotteur de crier et le passant de maudire, en acceptant la sellette. Tant que son maître était occupé, le chien s'asseyait à côté de lui jusqu'à ce que la sellette fût libre, et alors il recommençait son petit manège, le satané barbet !

LE CHIEN OBÉISSANT.

Le noble comte de Boissier possédait dans sa terre d'Andrezy, près Poissy, un dogue magnifique, la terreur du voisinage et des étrangers. Ce chien redoutable avait cependant la plus grande soumission envers son maître, soumission absolue, mais exclusive. Un ami venait-il voir M. de Boissier, ce n'était pas sans danger qu'il pouvait traverser la cour de son château, et ceux qui y passaient quelques jours, étaient continuellement exposés à ses attaques.

Aussi, dans ce dernier cas, Monsieur de Boissier faisait venir son chien, lui montrait l'étranger, et lui disait : « Pluton, respectez Monsieur, il est de mes amis. » Alors l'étranger pouvait résider dans le château en pleine sécurité. Sa personne était inviolable aux yeux du terrible animal, et c'était grâces à cette petite harangue, qu'il n'était pas étranglé.

Lorsque M. de Boissier devait partir pour un voyage, il menageait, en sa présence, une entrevue entre le chien et le principal agent de ses affaires, et là il lui donnait cette consigne : « Pluton, Monsieur me représente en mon absence, vous lui obéirez. » La consigne était rigoureusement observée, et le délégué obtenait la même soumission que le maître. Mais le lendemain du retour, notre ci devant mandataire avait perdu toute son autorité, et c'aurait été tout-à-fait en vain qu'il aurait cherché à la conserver.

LES CHIENS PARLANT.

Un pauvre soldat allemand du régiment de Wartinstein, avait un chien de l'espèce la plus commune, et si hargneux qu'on ne pouvait pas le toucher sans le faire gronder. Son maître avait su tirer un singulier parti de cette mauvaise habitude. Pendant que l'animal grondait, il lui prenait d'une main la machoire supérieure et de l'autre celle d'en bas, il lui pressait, le tenant ainsi, de différentes manières, tantôt l'une tantôt l'autre de ses deux mâchoires et souvent toutes les deux, ce qui faisait faire au chien des contorsions et des grimaces fort drôles à voir, et en même temps lui faisait articuler plusieurs mots plus ou moins distinctement, selon que le soldat pressait la mâchoire avec plus ou moins d'à-propos : il savait lui faire prononcer ainsi un vocabulaire d'une soixantaine de mots ; malheureusement jamais le chien ne pouvait émettre plus de quatre syllabe de suite, Elisabeth, était de tous les mots celui qu'il prononçait avec le plus de bonheur. Notre soldat allemand avait consacré six années du loisir de la garnison à amener son chien à ce degré d'instruction dans la langue allemande.   11.

Le philosophe Leibnitz raconte qu'il a vu dans la Misnie, auprès de Zeitz, un chien qui parlait comme une personne naturelle, c'est-à-dire, qu'il n'était besoin d'employer aucun moyen ou d'exercer aucune violence pour le faire prononcer. C'était le chien d'un paysan, d'une physionomie insignifiante et de taille moyenne. Le hasard voulut qu'un jeune enfant lui entendît pousser quelques sons qui avaient de l'analogie avec certains mots allemands, et sur ce rapprochement, il se mit en devoir de lui enseigner le grand art de la parole. Le maître, autant inoccupé que le soldat allemand dont nous venons de parler, mit tout son temps et tous ses soins à l'éducation de son chien. Le chien était âgé de trois ans lorsqu'il reçut la première leçon, et au bout de deux ans d'assiduité et d'application, il fut en état de prononcer une trentaine de mots.

On cite encore une petite chienne connue sous le nom de Zémire, appartenant à un lieutenant colonel, au service de la Pologne. Celle-ci avait une physionomie tellement expressive, que non-seulement sa douleur s'annonçait par des larmes abondantes, mais que les émotions de sa joie étaient exprimées par des éclats de rire parfaitement caractérisés. Ce phénomène est d'autant plus remarquable que les animaux ne rient jamais, comme tout le monde le sait. Cet officier habitait ordinairement Argenteuil, fort joli village aux environs de Paris. Sa chienne y mourut : elle fut fort regrettée de son maître qui, voulant perpétuer sa mémoire, fit ériger sur sa tombe un petit monument, sur lequel était inscrite une épitaphe touchante.

LES CHIENS SOUS LA RÉVOLUTION.

Sous l'empire de la convention, à l'époque de la plus grande disette publique, les particuliers ne pouvaient obtenir un peu de subsistance qu'en se rendant de très-grand matin à la porte des boulangers et des bouchers chargés de la distribution ; là, quelque temps qu'il fit il fallait attendre au milieu de la rue, son tour pour recevoir sa portion exiguë, et tel qui faisait *queue* depuis trois heures du matin, n'était pas sûr d'être servi à onze heures, et souvent des malheureux s'en retournaient les mains vides, les membres brissés par la foule, tout morfondus de la neige ou de la pluie et l'estomac creux.

Parmi ces gens assaillis de mille besoins, qui attendaient, se poussant, s'écartant, s'écrasant l'un sur l'autre sans la moindre pitié, se trouvait un misérable rentier, vieux, faible et malade, les plus forts l'écartaient toujours, et il serait mort d'inanition si son chien n'eut été sa providence. Il lui attachait au cou un petit sac noir, y mettait dedans la carte à la viande et la carte au pain, puis le laissait aller, se reposant sur lui du soin de lui rapporter ses provisions. La foule des affamés faisait queue à la porte des boulangers et des bouchers, comme de nos jours à la porte des théâtres, et ne permettait à personne de sauter son rang. Mais notre fidèle commissionnaire à qui ses manœuvres avaient fait donner le nom de *Laqueue*, n'était pas embarrassé d'éluder la consigne, il se glissait aisément entre les jambes des hommes et des femmes, atteignait ainsi la boutique, puis allait gratter les vêtemens du distributeur affairé, se dresser sur ses deux pattes jusqu'à ce qu'il fût parvenu à captiver son attention. Alors il n'était pas difficile de deviner clairement l'objet de son message.

La probité, l'indigence extrême et peu méritée du pauvre rentier, maître de ce chien, étaient connues des marchands qui favorisaient un peu ce petit manège. On s'empressait donc de mettre dans le petit sac noir, la demi-livre de viande, portion assignée à chaque individu pour cinq jours, tandis que le commissaire coupait de son côté le feuilleton de la carte, puis on congédiait *Laqueue*, assez ordinairement avec la gratification d'un os pour ronger à son retour près de son maître. Le chien repassait adroitement par le même chemin, et pouvait rapporter bien vîte sa petite provision. Il repartait immédiatement après, faire la même expédition, pour avoir le quarteron de pain et l'eau de riz que le maître partageait généreusement avec son ami dévoué. Car le pauvre *Laqueue* était à la fois son pourvoyeur et son garde-malade.

On sait que sous la terreur, le palais du Luxembourg avait été transformé en prison d'Etat, où étaient entassés les suspects et les émigrés arrêtés. La garde de la prison s'y faisait avec une rigueur extrême, et tromper les geoliers était chose fort difficile. Le ministère d'un chien fut le moyen qu'on employa avec le plus de succès pour tromper un certain intraitable. Ce fidèle animal s'introduisait chaque jour dans l'intérieur de la prison, pénétrait jusqu'à la chambre de son maître, l'accablait de caresses, restait fort long-temps avec lui, et semblait prendre part à son malheur. Ces démonstrations d'amitié furent un jour plus expressives et plus multipliées que jamais, tellement qu'elles devenaient importunes au maître, et qu'il finît par en concevoir de l'inquiétude. Plus il s'obstinait à vouloir se débarrasser de son chien et le renvoyer, plus son chien l'accablait de caresses, et alors il sautait sur lui, pleurait, aboyait, baissait ou élevait la tête, comme s'il eut voulu lui montrer son collier.

Le maître le croyant blessé examine son cou et ne trouvant aucune apparence de blessure, veut absolument le mettre à la porte, le chien insiste toujours et finit par se faire ôter son collier. Ce collier est examiné avec attention et finit par laisser découvrir un petit billet adroitement caché sous la doublure. Le billet était de la femme du malheureux prisonnier qui s'empressa d'y répondre par le même courrier, et chaque jour le fidèle commissionnaire était l'agent de la même correspondance. On s'étonna bientôt de le voir sortir et entrer tous les jours à la même heure. Sa défiance donna surtout des soupçons, car lorsqu'il était porteur d'un message, il ne se laissait toucher ni même approcher par aucun des guichetiers. On découvrit enfin le stratagème, et depuis ce temps il fut défendu de laisser pénétrer les chiens dans les *prisons de Paris.*

TESTAMENS EN FAVEUR DES CHIENS.

Le prince d'Orange. sur le point de mourir, craignant qne l'ingratitude et l'oubli de ses courtisans ne s'étendissent jusqu'à ce pauvre petit chien qui avait su conquérir son amitié, lui légua, comme nous l'avons déjà vu une somme d'argent qui lui assura une existence aisée, et cette *aurea mediocritas* qui était si fort du goût de Virgile. Le comte de Pembroque, contemporain de Charles Ier, fit un testament remarquable par l'article suivant :

Item. J'entends que mes chiens soient partagés entre tous les membres du conseil d'état. J'ai assez fait ce qu'ils ont voulu. J'ai travaillé tantôt avec les pairs, tantôt avec les communes. Ainsi quelque chose qui arrive de moi, j'espère qu'ils ne laisseront pas mourir de besoin mes pauvres chiens.

Un riche propriétaire de Pressac, en Angleterre, M. Roscall, léga dans le mois de mai 1806, dans un testament qu'il fit à ses derniers momens en faveur d'un aveugle qui mendiait, conduit par un petit chien, une somme de mille livres sterling, ce qui fait environ 24,000 fr.

On dit qu'un apothicaire de Londres qui se nommait Mille, laissa en mourant tous ses biens à son chien, appelé Arlequin Sinelino. Il institua pour son exécuteur testamentaire, une jeune fille qui les avait servi jusques là tous les deux. Les conditions de la tutelle étaient qu'elle prendrait les soins les plus minutieux pour la santé et le bonheur de l'ami quadrupède, duquel la mort allait si cruellement le séparer, faute de quoi une autre personne qu'il nommait, aurait le droit de l'évincer de sa curatelle purement et simplement.

On cite également ce testament d'une femme de qualité : « Attendu que mon chien fut toujours le meilleur de mes amis, je le déclare mon exécuteur testamentaire, et lui confie la disposition de toute ma fortune, sous la surveillance et l'autorité du marquis de Villemur. J'ai beaucoup a me plaindre des hommes ; ils nc valent rien, ni au physique ni au moral ; mes amans étaient faibles et trompeurs, mes amis faux et perfides. De toutes les créatures qui m'entouraîent, il n'y a que mon chien auquel j'ai reconnu de bonnes qualités. J'ai donc raison de disposer de mon bien en sa faveur, et j'ordonne qu'on distribue des legs à ceux qui recevront ses caresses. »

LA CHOUETTE DE GENGIS-KAN.

Nous allons raconter quels sont les titres de la chouette aux hommages et à la vénération profonde que lui portent les Tartares-Kalmoucks : un jour que Gengis-Kan, le fondateur de leur empire, avait été mis en fuite par ses ennemis, il se sauva dans l'épaisseur d'un taillis sur lequel une chouette vint se poser.

Ses ennemis vinrent à passer, cherchant partout le chef redoutable qui les avait fait trembler tant de fois. Ils fouillaient avec la pointe de

les buissons dont l'œil ne pouvait
l'épaisseur. Mais ils furent éloignés de
recherche dans la fourrée où Gengis-
caché, persuadés qu'ils étaient que
oiseau d'ailleurs si sauvage, n'y serait
demeuré en même temps que lui. Cette
sauva la vie à Gengis-Kan, et les
par reconnaissance mirent la chouette
nombre des oiseaux sacrés. C'est aussi depuis
époque qu'ils portèrent à leur bonnet une
plume de cet oiseau. Les Kalmoucks ob-
encore cette coutume les jours de céré-
On dit même que quelques tribus ont
idole dont les pieds imitent les pattes de
oiseau.

LES CYGNES DU CHATEAU DES TUILERIES.

Cet oiseau, le favori des poètes, eût aussi
sa part des royales protections. Edouard IV
porte une ordonnance qui adjugeait au
roi tous les cygnes du royaume. Son fils excepté, personne ne pouvait en garder.

On encourait un an et un jour d'emprison-
lorsqu'on dérobait leurs œufs. Encore
le peuple respecte comme pro-
priété royale les cygnes nombreux qui voguent
sur les flots de la Tamise.

Les cygnes qui vivent dans les bassins du
Jardin des Tuileries, sont d'une beauté remar-

quable, mais ce qu'ils ont de curieux et de piquant, c'est leur excessive familiarité. Ils vivent de père à compagnon avec les petits enfans, qu'ils affectionnent particulièrement, parce que ces derniers, payent en petits gâteaux leur obéissance et leur gentillesse. J'ai vu un jour, dit M. de St-Gervais, une scène qui amusa beaucoup la foule des promeneurs. Des enfans donnaient à manger aux cygnes : un petit espiègle appela le mâle, qui accourut à sa voix ; mais au lieu de lui donner de son gâteau, l'enfant s'amusa à l'agacer avec son chapeau. L'oiseau se reculait chaque fois qu'on cherchait à l'atteindre, et il se rapprochait aussitôt, dans l'espoir d'obtenir à la fin sa part du gâteau. Ce manège dura quelque temps ; mais voyant qu'on mangeait tout sans rien lui donner, le cygne s'empara du chapeau de l'enfant, et se promena en le portant d'un air triomphant ; après avoir fait le tour du bassin, il alla déposer ce trophée dans sa cabane. On pense combien les enfans rirent aux dépens du petit espiègle.

CYGOGNES RÉVÉRÉES.

Il y avait peine de mort en Thessalie, contre quiconque se faisait le meurtrier d'une cygogne. C'était payer fort cher les services que rendaient ces oiseaux. J'aime à croire, cependant que dans ce temps là, les avocats invoquaient des circonstances atténuantes. Mais j'oubliais de dire que le grand service que rendaient les cygognes, était de purger le pays d'un très-grand nombre de serpens qui l'infestaient. Ce profond respect pour les cygognes se conserve encore dans le levant. Chez les Romains, il était défendu de s'en nourrir. La tradition populaire en Hollande, rapporte une histoire de cygogne assez remarquable. Pendant que les flammes de l'incendie dévoraient la ville de Delft, une cygogne ayant inutilement employé tous ses efforts à enlever ses petits, se laissa brûler avec eux.

Buffon dit qu'on a souvent remarqué des cygognes jeunes et vigoureuses, apporter de la nourriture à d'autres que la vieillesse ou la maladie forçaient à demeurer dans leur nid. Hélas! combien d'enfans se font condamner par nos tribunaux, à nourrir les parens qui les ont eux-mêmes nourris? Aussi les Grecs eurent le soin d'instituer une loi qu'ils nommaient loi de la cygogne : elle obligeait les enfans à nourrir leurs parens. C'est à cause de cette admirable singularité de caractère de la cygogne, que les Romains lui donnèrent le nom d'*avis pia* (oiseau pieux).

CYGOGNE VINDICATIVE.

Nous avons recueilli l'anecdote suivante dans les lettres sur l'Italie. Il y est dit qu'un fermier de Hambourg avait amené dans sa basse-cour une cigogne sauvage, qu'il voulait donner pour compagne à un autre oiseau de cette espèce, oiseau citadin, que l'esclavage avait rendu égoïste. Au lieu de voir dans la nouvelle venue une amie qu'il fallait consoler, elle l'accueillit en rivale, c'est-à-dire qu'elle la maltraita horriblement. La pauvre étrangère ne pouvait y tenir davantage, soupirait après les souvenirs de sa vie aventureuse, après ses compagnes, plus pauvres mais plus hospitalières. Enfin elle trouva le moyen de prendre la fuite et de tromper la surveillance du fermier, emportant dans son cœur un ressentiment et un souverain mépris pour les cygognes *civilisées*.

Cependant quatre mois s'étaient à peine écoulés que la cygogne sauvage s'abattit dans la basse-cour avec quatre de ses compagnes, qui usant à leur tour de la rudesse de leur bec, tuèrent la cygogne inhospitalière et parjure.

Cette anecdote ne vous rappelle-t-elle point les répresailles des noirs contre les blancs ?

« J'ai vu dans un jardin, dit le docteur Hermann, où des enfans jouaient à la cligne-mulette, une cygogne privée se mettre de la partie, courir à son tour, quand elle était touchée, et distinguer très-bien l'enfant dont le tour était de poursuivre les autres, pour se tenir sur ses gardes.»

LA CYGOGNE RECONNAISSANTE.

Une femme de Tarente, vivait près du tombeau de son mari; privée à tout jamais des caresses de celui que son cœur avait le plus aimé, elle entretenait sa douleur auprès de ses derniers restes, ne voulant pour témoin de son deuil que la solitude et Dieu. Une cygogne s'étant un jour laissé tomber auprès d'elle, se cassa la jambe; la veuve lui prodigua ses soins et se trouva heureuse de la guérir et de lui rendre sa liberté.

Au bout d'un an, combien grande fut sa surprise, lorsque la même cygogne vint s'abattre auprès d'elle en lui témoignant par des cris nombreux et le battement de ses aîles toute sa joie et toute sa reconnaissance! On raconte même que cet oiseau fit présent à sa bienfaitrice d'une pierre précieuse, qui lui permit de passer le reste de ses jours dans une aisance facile. C'est Elien qui raconte cette dernière circonstance; aussi ne voulons-nous pas en garantir l'authenticité, car tous ceux qui connaissent cet auteur, savent qu'il se laisse facilement aller au merveilleux.

12.

COCHONS PRODIGIEUX.

Le lecteur sait-il que le maréchal Vauban a fait un traité sur les cochons, qu'il appelait *ma Cochonnerie*, sacrifiant volontiers son mérite d'auteur au plaisir de faire un jeu de mots ? Car il était d'un caractère naturellement fort gai. Il y rapporte qu'il avait calculé la postérité d'une seule truie pendant onze ans. Le chiffre qu'il donne peut servir à prouver la merveilleuse fécondité de ces animaux : elle s'élevait à 6,434,838 cochons.

Au reste on lit dans un ouvrage intitulé *la nouvelle Maison rustique*, qu'on a vu des truies en France, produire jusqu'à trente-sept petits d'une seule portée. Colisson rapporte dans une de ses lettres à Buffon, qu'on a tué en Angleterre un cochon qui pesait 1247 livres.

Au reste on sait bien qu'il y a des cochons qui deviennent si gros, que les souris font des trous dans leur lard et se logent dans l'épaisseur de leur dos, sans que l'incontinent animal en soit le moins du monde incommodé.

Cependant les cochons ne sont pas seulement remarquables par leur prodigieux embompoint, on en a vu s'attacher tellement à leur maître, qu'ils le suivaient comme de petits chiens.

Si les *bichons* étaient trop fiers de la place

qu'ils occupent auprès des dames , nous pourrions leur rappeler qu'ils n'ont pas toujours
acaparé leurs faveurs , et qu'à Barcelonne il
y eut un temps où les dames portaient sous
le bras un cochon de lait, très-coquettement
paré de rubans et de fleurs artificielles.

COCHONS SAVANS.

Au rapport de mistress Sara Trimmer , il y
avait à Londres un cochon qui savait très-bien
lire. On rangeait, dit-elle, deux alphabets de
grandes lettres en carton, sur une planche
assez large , après cela on invitait quelqu'un
des assistans à dire le mot qu'il désirait faire
assembler au cochon. L'animal attendait que
son maître le lui répétât , et dès lors il prenait
avec ses dents les lettres nécessaires et les disposait de manière à completter le mot. Lui demandait-on quelle heure il était , il regardait
d'abord une montre avec toute la gravité de
quelqu'un qui sait apprécier les temps ; ensuite il prenait, comme nous l'avons déjà dit ,
le genre de lettres qu'il lui fallait pour indiquer les heures et les minutes.

On a remarqué à l'amphithéâtre d'Asteley, à
Paris , des cochons qui faisaient des tours vraiment remarquables.

Lorsque Louis XI était malade au Plessis-
les-Tours, on s'avisa , pour le distraire, d'un

singulier moyen. Je ne vous le donne pas en mille, vous ne le devineriez pas. Eh bien, on forma de jeunes porcs à danser et à sauter au son de la cornemuse. Le sombre et cruel Louis XI, le plus redouté des rois et le plus inconcevable des hommes, prit, dit-on, un grand plaisir à voir ce grotesque ballet.

On devrait bien laisser les méchans rois aux prises avec les remords de leur conscience, mais ils ont toujours assez de flatteurs qui cherchent à les distraire. Ce premier succès que le roi avait payé de quelques sourires maladifs, fut dépassé par un certain abbé de Baigne. Voici ce qu'il imagina et fit représenter à la cour en un jour de fête ; l'idée, je crois, était au moins fort neuve : il s'agissait de faire exécuter un opéra par des cochons. Sous un pavillon de velours, il en avait assemblé une grande quantité de différens âges, qui devait composer le curieux orchestre ; au-devant du pavillon, il y avait une table de bois avec un certain nombre de marches. Il composa un long instrument organique, dont les touches correspondaient aux marches par de petites aiguillons. Par ce moyen, dit la chronique, il les faisait jouer en tel ordre et consonnance, que toute la cour en fut ébahie.

LA TRUIE D'ENÉE.

On lit dans Torentius-Varron , que la truie d'Enée mit bas à Lovinium , trente pourceaux blancs d'une seule portée. Trente ans après , les habitans de Lovinium bâtirent la ville d'Albe. D'aucuns prétendent que cet événement justifia le présage que l'on avait tiré de la naissance des pourceaux. On peut encore voir aujourd'hui, dit Varron , des vestiges de cette truie et de ses pourceaux à Lovinium , où leurs statues en bronze sont exposées au public, et où les prêtres montrent le corps de la mère , qu'ils ont conservé dans de la solure.

LES COLIBRIS DU PÈRE MONT-DIDIER.

Ce généreux missionnaire qui était allé porter le flambeau de la foi en Amérique, rapporte qu'il trouva un nid de calibris qui était sur un appentis auprès de la maison qu'il habitait. Comme les petits étaient encore trop jeunes , il les laissa quinze ou vingt jours , puis les emporta et les mit dans une cage qu'il accrocha à une des fenêtres de sa chambre. Ces petits oiseaux recevaient de fréquentes visites de leur père et de leur mère, qui leur portaient à manger. Ces derniers eux-mêmes , s'apprivoisèrent si bien , qu'ils ne sortirent plus de la chambre et s'installèrent chez le père jésuite pour boire, manger et dormir avec leurs petits. Il était curieux de les voir souvent tous quatre sur le doigt du missionnaire, et chantant à leur aise comme s'ils eussent été perchés sur une branche d'arbre. La nourriture qu'il leur donnait se composait d'une pâte très-fine faite avec du biscuit, du vin d'Espagne et du sucre. Rien n'était plus gentil et plus aimable que ces quatre petits oiseaux. Ils n'avaient vécu que six mois de cette vie abondante et joyeuse, et cependant il ne leur revenait plus rien de la part de bonheur que la nature donne à tous les êtres ; ils furent dévorés par les rats, pendant une malheureuse nuit. Le père Mont-Didier avait oublié malheureusement de fermer la cage.

COQS REMARQUABLES.

Il y avait à Prague, capitale de la Bohême, province de l'empire d'Autriche, un coq que son maître avait dressé à monter tous les jours à quatre heures du matin, en toute saison, dans sa chambre, où il ne manquait pas de l'éveiller par son chant.

Selon le rapport de Pline, l'an de la fondation de Rome, 676, sous le consulat de Marius Lépidina et de Quintus Catilina, on entendit parler un coq dans une métairie du territoire de Rincini, et qui appartenait à Gélerine.

On lit dans Athénée, que les voluptueux habitans de Sybarin avaient banni de la ville tous les coqs qui s'y trouvaient, afin que leur vigilance ne troublât point leur sommeil.

La plupart des personnes qui emploient le mot de galimathias, sont loin d'en connaître la singulière étymologie. Ce mot a pris son origine dans une plaidoierie où il s'agissait d'un coq, *gallus*, dérobé à un particulier nommé Mathias. L'avocat du plaignant, dont le discours était fort embrouillé, comme d'usage, et de plus en latin, comme c'était aussi l'usage en ce temps-là au palais, voulant dire *Gallus Mathiæ*, se trompa et se mit à dire *Galli-Mathias*. Tout l'auditoire se mit à rire, répéta ce mot qui depuis est passé en proverbe.

LES COQS DE THÉMISTOCLE.

Thémistocle, grand capitaine Athénien, étant sur le point de livrer bataille aux Perses, s'aperçut du peu d'ardeur des siens; il entreprit de les encourager, en leur dépeignant l'acharnement avec lequel les coqs se battaient. Voyez, leur disait-il, le courage de ces animaux, cependant leur seul motif est le désir de vaincre; et vous, vous combattez pour vos foyers, pour le tombeau de vos pères, pour la liberté! Cette petite allocution ramena le courage de toute l'armée qui se précipita avec enthousiasme au combat; et Témistocle lui dut la victoire.

Au retour de la campagne, les Athéniens consacrèrent à la mémoire de cet événement une fête qui se célébrait annuellement par des combats de coqs.

COMBAT DE COQS.

On lit dans la relation d'un voyage, que, lors d'une traversée d'Amérique en France, deux coqs parurent sur le tillac du vaisseau, animés de fureur l'un contre l'autre, et donnèrent à tout l'équipage le spectacle d'un combat fort extraordinaire. Ces deux animaux étaient d'une grande rivalité quant à la taille. Cependant la victoire fut remportée par le plus petit, beaucoup plus habile que son adversaire à profiter de tous les avantages de la position et du lieu. Ce dernier, poussé au désespoir par sa défaite, se jeta à la mer, et le vainqueur s'élançait à sa poursuite, lorsque l'officier auquel il appartenait l'arrêta non sans peine.

Ces sortes de combats sont un spectacle fort usité en Angleterre. L'usage en est même passé en France. Le département de la Dyle a été maintes fois le théâtre de batailles de ce genre. Il y a quelques années, les coqs de Saint-Troue ont remporté une éclatante victoire sur ceux de Tirelemont. Les vainqueurs ont été reconduits en triomphe, au son d'une musique guerrière et aux acclamations des habitans de la commune qui avait donné naissance à ces guerriers.

Ce genre de spectacle fesait fureur autrefois à Rhodes et chez les Troyens ; on retrouve encore aujourd'hui cette passion en Chine, dans l'Isthme de Joox, aux Philippines, en Amérique, et chez quelques autres peuples des Deux-Mondes, indépendamment de nos voisins d'outre-mer.

Barthelemy remarque dans son Voyage du jeune Anacharsis en Grèce, et c'est d'après Aristhophane, que les Torragiens sont passionnés pour les combats de coqs. Ces animaux étaient dans ce pays-là d'une grandeur et d'une beauté remarquables. On en a transporté dans plusieurs villes, et pour rendre leurs coups plus meurtriers dans la bataille, on arme leurs ergots de pointes de fer.

LE CORBEAU DE VALÉRIUS.

Les corbeaux sont plus sensibles que nous, aux différentes impressions de l'atmosphère ; ils semblent en pressentir les moindres changemens et les annoncent par certains cris, certaines actions, lesquels sont l'effet naturel des variations mêmes de l'air qu'ils semblent prophétiser.

13

Tout le monde sait l'importance religieuse que les Romains attribuaient à toute la circonstance du vol, du cri et au nombre de ces animaux dans les airs. L'étude et l'application en était une science divine.

Valérius, tribun militaire sous le commandement de Camille, lorsque ce grand capitaine repoussait l'invasion de Brennus, luttait difficilement contre un Gaulois d'une stature formidable; un corbeau vint se percher sur son bras droit. Cet oiseau se mit à attaquer l'adversaire du Romain et le frappa tellement du bec et des ongles, que le Gaulois intimidé, perdit tout sang-froid, ne sut se défendre et fut tué par Valérius, qui, en mémoire de ce fait extraordinaire, prit le surnon de Corvinus.

LES CORBEAUX FLATTEURS.

On lit dans l'historien Macrobe que, Auguste, vainqueur à la bataille d'Actium, rentrait à Rome entouré d'une foule de gens qui l'accablaient de félicitations et de flatterie. Un artisan, entr'autre, lui offrit un corbeau qu'il tenait sur sa main, auquel il avait appris à répéter ces mots : « Bon jour, César, victorieux empereur. » Ce prince, enchanté de la politesse de cet oiseau, l'acheta vingt mille écus. Un camarade de l'artisan apporta aussi un aucorbeau qui prononçait les mêmes paroles. Auguste, sans se déconcerter, jugea que c'était assez, et ordonna au premier de partager avec son compagnon. Il fit encore l'acquisition d'un perroquet et d'une pie. Cet exemple engagea un pauvre cordonnier à donner la même leçon à un corbeau ; mais l'animal n'avançait point, et le maître désolé, disait ordinairement à son élève : « Ma peine et mon temps sont perdus. » Enfin le corbeau commença à répéter son compliment. Auguste l'ayant entendu en passant, se contenta de dire : « J'ai assez chez moi de ces sortes de complimenteurs, » Le corbeau ajouta fort à propos la plainte que lui faisait son maître mécontent : « Ma peine et mon temps sont perdus. » César ne put s'empêcher de rire, et acheta ce dernier oiseau plus cher que tous les autres.

LES CORNEILLES D'ESOPE.

Rends-moi la liberté, avait dit Esope à son maître. — Je le veux bien, répartit Xantus, si tu me prouves que telle est la volonté des Dieux.

Si, en sortant, continua-t-il, deux corneilles se présentent à ta vue, tu auras ta liberté ; si au contraire tu n'en vois qu'une, ne te lasses point d'être esclave. Esope sortit aussitôt. A peine notre phrygien fut il dehors, qu'il aper-

cut deux corneilles qui se perchèrent sur un
arbre. Il en alla avertir son maître, qui voulut voir lui-même s'il disait vrai. Tandis que
Xantus venait, l'une des corneilles s'envola.
« Tu veux me tromper? dit-il à Esope; » et
il lui fit donner les étrivières. Pendant le supplice du pauvre phrygien, on vint inviter Xantus à un repas; il promit qu'il s'y trouverait,
« Hélas ! s'écria Esope, les présages sont bien
menteurs ! Moi, qui ai vu deux corneilles,
je suis battu; mon maître, qui n'en a vu
qu'une est prié de noces. » Ce mot plut tellement à Xantus, qu'il commanda qu'on ces-
sât de fouetter Esope.

LE COUCOU DE SILÉSIE.

Selon Aldovrande, qui prétend s'appuyer des
résultats d'une longue observation, le coucou
entre en hiver dans le creux des arbres ou dans
des cavités de rochers; c'est là qu'il passe ses
quartiers d'hiver, dans un état d'engourdisse-
ment. On raconte, ajoute-t-il, qu'à Bâle en
Suisse, un paysan ayant mis en hiver une
bûche dans le feu, y entendit la voix d'un
coucou.

Schwenckfeld dit qu'en Silésie, c'est une
coutume parmi les gens du peuple, lorsqu'ils
entendent chanter le coucou, de l'interroger
sur le nombre d'années qu'ils ont encore à

vivre. J'ai vu de jeunes paysannes, dans le midi de la France, lui demander au contraire dans combien d'années elles seraient mariées; elles hochaient la tête quand l'oiseau répétait son cri un certain nombre de fois; car chacun de ces cris vaut un ans.....

C'est une croyance des habitans du Mont-Baix, que pour être sauvé, il faut avant de mourir avoir mangé du coucou à la broche. Y a-t-il, pourtant dans le sermon de la Montagne: Heureux ceux qui mangent du coucou, car le royaume des cieux leur appartient? Je ne pense pas que vous ayez vu ce texte dans aucune édition ancienne ou moderne.

COULEUVRES DE MALABAR.

Il existe dans le Malabar une espèce de couleuvre que les Indiens appellent *nalle Pambou*, ce qui veut dire *bonne couleuvre*. Sa physionomie est assez singulière : une large peau capricieusement arrangée sur sa tête, y forme une espèce de chaperon. Son corps est paré des couleurs les plus vives et les plus agréablement tranchées. Les indigènes, qui ont pour elles le plus grand respect, lui consacrent des prières et des offrandes. Mais cette couleuvre qu'on a nommée la bonne, dans le même sens que les Euménides, est d'ailleurs très-dangereuse et ses blessures sont presque mortelles.

13.

On lit dans l'Abréviateur del'histoire des voyages, qu'un malade qui trouva une couleuvre dans sa maison, commença par lui adresser les supplications les plus pressantes. La couleuvre se montra-t-elle insensible aux prières, il chercha à l'attirer dehors en lui présentant du lait ou toute autre nourriture dont il la croit friande. Cependant, s'il arrive que l'animal ne se laisse point éconduire par cette ruse, on a recours à l'éloquence des Bramines, qui lui adressent un discours pathétique, où tout en l'assurant du profond respect que lui portent les Malabres, ils tâchent de lui faire comprendre qu'elle ferait fort bien d'évacuer la maison.

Le fait suivant donne une idée de la manière dont cet animal est considéré. Un secrétaire du prince gouverneur fut mordu à *Cananor* par une de ces couleuvres à chapeau. D'abord peu soucieux de cette morsure, il négligea d'employer les remèdes ordinaires. Cependant ceux qui l'accompagnaient, n'étant pas tout-à-fait du même avis, mirent la couleuvre dans un grand vase, pour qu'elle fût placée sous la puissance conjurative des Bramines. Ceux-ci n'épargnèrent ni prières, ni menaces ; ils la menacèrent même du bûcher, si l'officier qu'elle avait blessé venait à mourir. L'officier mourut. Dès-lors il parut clair comme le jour, que le mort s'était rendu coupable pendant sa vie, de quelque grande faute, et la couleuvre fut rendue à la liberté, avec toutes les excuses et les ménagemens dus à sa haute position.

LE CAPITAINE DRACK

DÉVORÉ PAR DES CRABES.

On trouve beaucoup de ces animaux dans l'île des Cancres en Amérique. On peut juger de la laideur de ceux dont nous allons parler, par celle des petits crabes que l'on vend à Paris, et que tout le monde connaît. Il faut supposer seulement que ces derniers sont des espèces de fœtus, et que les premiers sont prodigieux par la monstruosité et le volume de leur taille. Le capitaine Drack fut dévoré par des crabes, dans l'une de ces îles dont nous venons de parler plus haut. Ses armes et son courage ne purent le sauver des cruelles atteintes de ces monstres singuliers. On raconte également que le capitaine Marion éprouva le même sort : au moment où il descendait sur le rivage, un crabe s'élança du fond de la mer, et, saisissant le capitaine avec ses pinces, lui coupa le corps en deux.

On lit qu'en 1627, une colonie qui venait de France, aborda dans l'île de Saint-Christophe. Pendant que les gens de l'équipage faisaient des excursions, quelques personnes demeurées couchées sur le rivage parce qu'elles étaient malades, furent trouvées dévorées par des crabes.

Attirés par l'odeur de ce hideux festin, des milliers de ces animaux s'étaient entassés sur les os encore sanglans de ces malheureux voyageurs.

On trouve dans la mer des Antilles, une espèce de petits crabes qui sont très-grands amateurs d'huîtres. mais le moyen à un crabe de gruger une huître ? Celui qu'il emploie est pourtant très-ingénieux. Le molusque ouvre-t-il ses écailles pour renouveler son eau et prendre sa part d'air frais, le crabe qui se tient aux aguets, y jette un petit caillou et gobe ensuite notre bâilleuse, qui s'imaginait qu'il ne fallait que respirer pour vivre.

LE CRAPAUD APPRIVOISÉ.

On peut lire dans la Zoologie de M. Pennant, le trait suivant ; Un anglais, M. Arscett, avait souvent remarqué qu'un crapeau montait les escaliers de sa chambre, sitôt qu'il avait allumé ses bougies. Il essaya de lui offrir de la nourriture, ce que le nouvel hôte accepta volontiers et avec toute la grâce d'un crapaud qui se pique de savoir vivre.

Le lendemain et les jours suivans, cet animal se présenta avec beaucoup plus d'assurance. A la fin, il fut compté au nombre des familiers de la maison. Il n'est pas jusqu'à de jeunes dames qui, lui pardonnant sa laideur, ne prissent un très-grand plaisir à le voir. Il était si reconnaissant qu'elles voulussent bien lui accorder un sourire, à lui, pauvre paria, que la nature avait jeté au soleil dans un moment de mauvaise humeur! Il avait un goût particulier pour les vers, aussi prenait-on grand soin de lui en procurer. On en mettait sur une extrémité de la table; alors il se mettait à sauter, et quand il était assez près, il les avalait en un clin-d'œil. Il vécut ainsi 36 ans et même un peu au-delà. On avait lieu de croire que ses derniers momens seraient paisibles, lorsqu'un corbeau domestique le blessa un jour si cruellement qu'il en mourut.

Cet animal est surtout remarquable par le temps qu'il peut passer sans prendre aucune nourriture. Le 24 janvier 1772, on enferma en présence de l'académie des sciences, trois crapauds dans une boîte, que l'on couvrit d'une forte couche de plâtre. Quatre mois et demi après, lorsqu'on ouvrit cette boîte, on trouva deux de ces animaux vivans.

LE CROCODILE KIRCKER.

Il est rapporté par le père Kircker, dans

une relation de ses voyages que, se trouvant à l'embouchure du fleuve Indus, il s'égara dans un marécage rempli de roseaux. Voilà que tout-à-coup un crocodile épouvantable s'élance pour le dévorer, lorsqu'en même temps il se voit menacé par un tigre, qui bondit du fond de son embuscade. Je ne sais pas à quel saint se voua le père jésuite, mais le fait est que les deux animaux s'entrechoquant, le crocodile dévora le tigre, et que pendant cette légère collation, le missionnaire eut le temps de s'échapper, bien heureux, toutefois, que les animaux ne sachent point ce que c'est que *part à deux.*

LES DAUPHINS DE CŒRANUS.

Cœranus, négociant de Paros, vit à Bizance des pêcheurs qui avaient pris des dauphins et qui se préparaient à les égorger. Il les acheta et les fit remettre à la mer. L'instinct leur inspira tout ce qu'aurait pu leur dicter la raison. Ils s'attachèrent au vaisseau de Cœranus, qui revenait en Grèce, le sauvèrent du naufrage que fit son bâtiment, et le conduisirent à Paros. Cœranus conserva depuis une sorte de commerce avec eux. Quand il fut mort, ses parens l'inhumèrent sur le bord de la mer. Les dauphins s'approchèrent du bûcher le plus qu'il leur fut possible, et y demeurèrent jusqu'à ce qu'il fût consommé, comme pour assister à ses funérailles.

LES DAUPHINS D'IASSE.

On lit dans Quinte-Curce qu'il y avait dans la ville d'Iasse, située dans une île proche de Milet, un enfant qui était aimé d'un dauphin : ce poisson connaissait sa voix, et toutes les fois que cet enfant l'appelait, il ne manquait pas de venir, et le recevait sur son dos, s'il voulait qu'il le portât. C'est pourquoi Alexandre jugeant que cet enfant était aimé de Neptune, le fit grand prêtre de ce dieu.

Hégésidème écrit que, dans la même ville d'Iasse, un autre enfant, nommé Hermias, en traversant la mer sur un dauphin qui lui était fort attaché, fut submergé par les flots que souleva tout à coup une tempête imprévue : son corp fut apporté sur le rivage par cet animal, qui ne retourna plus en mer, mais vint expirer sur la plage, tant il eut de chagrin de cet accident.

LE DAUPHIN D'HIPPONE.

Solin dit que sur la côte d'Afrique, près d'Hippone-Dyarrhyte, il y avait un dauphin qui recevait sa nourriture de la main des hommes. Il jouait avec les nageurs, et les portait sur son dos. Ayant été frotté d'un parfum par Flavianus, proconsul d'Afrique, cette odeur, à laquelle il n'était pas accoutumé, lui causa un assoupissement, durant lequel il se laissait rouler par les vagues, sans donner aucun signe de vie : ce qui fut cause qu'il resta quelques mois sans fréquenter les hommes. Mais enfin il revint et continua de nouveau la même merveille qu'auparavant, jusqu'à ce que les habitans d'Hippone le mirent à mort, s'y trouvant contraints par les mauvais traitemens que leur faisaient les podestats qui venaient chez eux pour voir cet animal.

LES ÉLÉPHANS D'ANTIOCHUS.

Antipatir parle de deux célèbres éléphans que possédait Antiochus ; ils se nommaient Ajax et Patiocle. Un jour le roi voulait passer une rivière avec son armée ; il fallut la faire sonder. On publia dans toute l'armée que l'éléphant qui la passerait le premier, marcherait à la tête de tous les autres. Dès ce moment, les conducteurs de ces animaux mirent la plus grande ardeur à faire gagner à leur éléphant la rive opposée. L'éléphant Patrocle fut le vainqueur de cette lutte. Alors le roi le récompensa en le parant d'un magnifique caparaçon d'argent. Son rival Ajax fut cacher sa honte et son désespoir dans un endroit écarté, où il se laissa mourir de faim.

RÉPENTIR D'UN ÉLÉPHANT.

Les éléphans sont employés en Afrique à toutes sortes de travaux domestiques. Ils s'en acquittent ordinairement avec beaucoup d'adresse et une rare intelligence ; mais, chose singulière, ils aiment qu'on leur sache gré de leur travail, et ne peuvent supporter des châtimens infligés mal-à-propos. Les Annales du cabinet d'histoire naturelle du roi, parlent d'un éléphant qui, frappé sans sujet par son cornac, le tua dans un transport d'indignation. La femme de ce malheureux, témoin d'un spectacle si affreux pour elle, prit ses enfans, les jeta au pied de l'animal encore enflammé de colère, et lui dit : ôte moi aussi la vie, à moi et à mes enfans, puisque tu as tué mon mari.

À ces mots et à ces gestes de désespoir, l'animal s'arrêta comme stupéfait et se calma tout d'un coup, paraissant touché de regret et de repentir : il prit avec sa trompe le plus grand de ces enfans, le posa doucement sur ses épaules, l'adopta de cette manière pour son cornac, et depuis il n'en voulut jamais souffrir d'autres.

Arrien rapporte aussi qu'un éléphant succomba au chagrin d'avoir tué son conducteur dans un transport de colère.

L'ÉLÉPHANT DE PORUS.

La célèbre bataille entre Alexandre et Porus, ou Alexandre perdit son cheval Bucéphale, fut aussi funeste à Ajax, éléphant de Porus, qui y perdit la vie. Cet animal se montra, dans cette affaire, admirable de courage et d'intelligence.

Alexandre avait passé l'Hydaspe, lorsqu'il se trouva en présence de son ennemi. Celui-ci avait placé tous ses éléphans au front de son armée.

Les Macédoniens qui voyaient pour la première fois ces animaux, furent effrayés et reculèrent d'abord. Rangés comme ils l'étaient parmi les escadrons, ces éléphans avaient l'apparence d'énormes tours. Celui que montait le prince était encore plus élevé que les autres. Porus lui-même était d'une très-haute taille, et c'était ce qui rendait son aspect plus effrayant. Alexandre le contempla quelque temps avec calme : Enfin, s'écria-t-il, j'ai trouvé un danger digne de mon courage, aujourd'hui que j'ai pour adversaires à la fois des hommes vaillans et des animaux farouches. Le premier il lança son cheval ; il avait déjà entamé un bataillon ennemi, lorsque Porus, précédé de ses éléphans, vint à sa rencontre. Ces animaux répandirent l'épouvante et la terreur ; les cris horribles qu'ils poussaient, effrayaient les chevaux et les soldats, et ils mirent un tel dé-

sordre dans les rangs, que la victoire changea
de côté, et que les vainqueurs d'un instant
étaient dispersés par la fuite. Les éléphans sai-
sissaient les hommes au moyen de leurs trom-
pes, les enlevaient et les livraient à leurs
conducteurs. La victoire resta douteuse une
grande partie de la journée, et était loin de
finir si les Macédoniens n'eussent conçu l'heureuse idée de trancher les jambes des éléphans
à coups de haches, préparées exprès pour cela;
ils employaient aussi pour leur enlever la trompe,
des épées courtes et recourbées en forme de
faux.

Cependant Porus se voyant abandonné de
la plupart de ses soldats, et entouré de ses
ennemis, fut réduit à lancer son dard, il
blessa plusieurs de ses assaillans, mais il avait
lui-même reçu plusieurs blessures, et son
éléphant épuisé étant hors d'état de marcher,
contraignit le prince à s'arrêter; alors aidé de
quelques-uns des siens qui n'avaient pu se dé-
terminer à l'abandonner, il résolut de combattre à outrance, et de vendre cher sa vie.
Alexandre l'atteignit, et voyant son opiniâtreté,
il ordonna de tailler en pièces tous ceux qui
chercheraient à se défendre. On se battait avec
acharnement, lorsque Porus accablé de coups
fut précipité à terre sans connaissance. Son éléphant le voyant terrassé, prit l'un après l'au-

tre, avec sa trompe, les dards restés dans ses blessures et les arracha tous. Alexandre qui croyait Porus mort, voulut le faire dépouiller, mais comme on se mettait en devoir de lui enlever sa cuirasse, l'éléphant se jeta sur ceux qui touchaient son maître, et l'ayant relevé de terre avec sa trompe, il le replaça sur son dos. En un clin-d'œil le malheureux animal fut couvert de dards, et se sentant près de rendre le dernier soupir, il se coucha à terre avec des précautions infinies, pour ne point écraser son maître, qu'il avait su si bien défendre jusqu'à la dernière extrémité, et pour lequel il mourait.

L'ÉTOURNEAU DE BRUTUS

ET DE GERMANICUS.

On lit dans Pline, que Brutus et Germanicus avaient un étourneau qui parlait grec et latin. « Cet oiseau, dit-il, étudiait les leçons qu'on lui donnait, on lui entendait dire journellement quelque chose de nouveau ; il répétait même quelquefois des discours entiers et suivis. »

Au reste, nous ajouterons que cet oiseau est très-facile à apprivoiser, et que sa docilité se dispose à profiter des leçons d'art et de gentillesse qu'on peut vouloir lui donner.

FOURMIS PRODIGIEUSES.

Jobson dans son *Histoire de Gambie*, assure qu'il a vu des fourmillières dont quelques unes avaient vingt pieds de hauteur. C'est derrière ces monticules animées qu'il se mettait en embuscade, lui et ses compagnons, pour faire la chasse aux bêtes fauves et aux animaux féroces.

Au dire de quelques voyageurs, on trouve à Paramaribo, colonie hollandaise, dans la province de Surinam, des fourmis appelées par les Hollandais, *fourmis de visite*. Elles marchent par colonnes serrées, faisant assez bien l'effet d'une armée en ordre de bataille ; à leur arrivée dans les villages, on ouvre tous les coffres et toutes les armoires qui se trouvent dans les maisons.

Ces fourmis qui ont eu l'idée de se rendre utiles (*humanitairement parlant*), pénétrent partout, exterminent les rats, les souris et tous les animaux nuisibles qui vivent en forbans dans l'intérieur des maisons. On ne sait point à quelle époque remonte cette noble et philantropique institution ; si les fourmis étaient aussi vaniteuses que nous, elles auraient nommé une commission à la recherche de ce point important de leur histoire. Mais peut-être ont-

14.

elles aussi découvert plus vîte que nous, que *les commissions ne découvrent jamais rien.*

EXPÉDITION DES FOURMIS.

Nous tenons de M. Smith, la singulière relation du fait qui va suivre : pendant son séjour au Cap de Corse, une armée de fourmis vint assaillir le château qu'il habitait. C'était au moment où le jour commence à poindre. Elles choisirent la chapelle comme le centre de leurs ravages. Ce fut en cet endroit qu'elles placèrent leurs premiers postes, tandis qu'elles formaient au dehors plusieurs colonnes défilant en bon ordre, et s'étendant à plus d'un quart de mille dans la campagne. Les domestiques nègres couchés sur des nattes furent les premiers qui s'aperçurent de cette excursion, ils donnèrent l'alarme à tout le château ; force fut bien de tenir conseil. Le moyen en effet de combattre de pareils ennemis, qu'on ne pouvait entamer ni avec le plomb ni avec la lame ? Enfin, après bien des conseils, il fut résolu que l'on répandrait de larges traînées de poudre dans tous les endroits que les fourmis commençaient à envahir ou qu'elles occupaient déjà, et, certes, il était temps d'agir, car plusieurs négrillons étaient si cruellement déchirés par ces insectes plus gros que le pouce, qu'ils allaient çà et là dans le château, en poussant de grands cris de douleur.

Mais le moyen fut expéditif, et les ennemis comptèrent plusieurs millions de morts. Il n'y eut de sauvé que l'arrière garde, qui, avertie à temps par des éclaireurs, se replia en bon ordre et fit une sage retraite, regrettant la perte de plus d'un général habile.

LES FOURMIS DE FRANCKLIN.

Ce célèbre philosophe américain, persuadé que les animaux avaient une langue qu'ils entendaient de l'un à l'autre, fit l'expérience suivante sur des fourmis. Il avait placé dans son cabinet un vase rempli de mélasse; un grand nombre de fourmis s'y introduisirent et mangèrent la mélasse. Quand il s'en aperçut, il chassa toutes les fourmis, attacha le vase avec une corde à un clou qui tenait au plafond; une seule fourmi resta par hasard dans ce vase, ainsi suspendu; elle mangea jusqu'à ce qu'elle fut rassasiée: lorsqu'elle voulut sortir, elle fut quelque temps sans trouver de passage, elle chercha, mais en vain, une issue au fond du vase; enfin elle suivit la corde, gagna le plafond, courut le long de la muraille, et descendit à terre. Il s'était à peine écoulé une demi-heure, qu'un innombrable essaim de fourmis sortit de ses trous, grimpa au plafond, descendit le long de la corde , dans le vase plein de mélasse , et en mangea à son aise. Ce manège dura tant qu'il y eut quelque chose à manger. Pendant qu'une fourmi descendait le long de la corde , une autre montait.

Bosman dit que durant son voyage en Guinée , souvent un des moutons de son troupeau était attaqué la nuit par des fourmis qui lui donnaient la mort , et que le lendemain matin il n'en restait plus que le squelette.

LES FOURMIS SECOURABLES.

Les fourmis étaient en hostilité ouverte avec moi pour mon sucre , dont je ne suis guère moins friand qu'elles , dit M. Dupont de Nemours dans ses mémoires. J'avais placé le sucrier dans une île , c'est-à-dire au milieu d'une jatte d'eau. Il fallut imaginer le moyen de forcer ma forteresse , et voici le parti que prirent mes petites adversaires. Elles montèrent le long du mur , jusqu'au plafond , bien perpendiculairement au-dessus du sucrier , et de là il s'en laissa tomber un assez grand nombre dans la place.

Mais le plancher étant élevé , le moindre courant d'air pouvait les faire dévier , et plusieurs tombèrent à côté du sucrier, dans la jatte.

Celles qui étaient les plus proches de la tour

au sucre, y arrivèrent à la nage ; d'autres se noyèrent ; d'autre gagnèrent le bord extérieur, après avoir été témoins du malheur de leurs compagnes. Elles auraient bien voulu leur rendre service, mais elles n'osaient. Quelques-unes se tenant par une patte de derrière au rivage, s'allongeaient autant qu'elles pouvaient vers celles qui nageaient encore, mais elles craignaient de se remettre à l'eau sur un aussi grand lac ; elles en amenaient d'autres de la même taille, qui tentaient la même manœuvre, avec le même zèle et la même timidité. Enfin, quelques-unes s'avisèrent de retourner à leur ville. Elles amenèrent une petite escouade de huit grenadières, qui se jetèrent à l'eau sans balancer, et nageant vigoureusement, saisirent dans leurs pinces et rapportèrent à bord tous les noyés.

Là, quel fut mon étonnement de les voir, grandes et petites, donner à ces noyés à peu près les mêmes secours qui servent à rappeler les nôtres à la vie. Elles les roulèrent dans la poussière ; elles les frottèrent ; elles s'étendirent dessus pour les réchauffer ; elles les roulèrent et les frottèrent encore. Plusieurs concouraient au travail pour chaque noyé. Sur onze fourmis qui avaient perdu connaissance, et qui seraient mortes si on ne leur eut pas porté secours, elles en ranimèrent quatre parfaitement, et en emportèrent une malade ; mais qui remuait un peu les pattes et les Antennes. Elles emportèrent de même les six autres, qui ne donnaient aucun signe de vie.

M. Pia, et notre savant collègue Portal, de l'Institut, ajoute M. Dupont de Nemours, ne nous en ont pas appris beaucoup plus ; ils n'auraient pu nous en apprendre davantage, si nous n'eussions pas su faire du feu, et employer la fumée des plantes stimulantes. »

LA GÉNISSE DE CYZIQUE.

On lit dans la vie de Lucullus, par Plutarque, que la ville de Cyzique étant assiégée par Mithridate, et les habitans manquant de victime pour la fête de Proserpine, une genisse qui était consacrée à la Déesse, et destinée à servir au sacrifice, quitta les pâturages où elle était nourrie, au-delà des lignes des assiégeans, se jeta à la nage, traversa un bras de mer, et entrant dans la ville, se présenta elle-même à l'autel pour être immolée. Cela fut remarqué comme un heureux présage. Effectivement, peu après Lucullus fit lever ce siège à Mithridate, et remporta une victoire complète sur ce monarque.

GRENOUILLE APPRIVOISÉE.

On peut lire dans les Ephémérides d'Allemagne, le fait qu'y a consigné le docteur Godefroy Schultzius :

Un chirurgien de Breslau avait une grenouille qu'il affectionnait beaucoup et qu'il nourrit pendant huit ans de la manière suivante : il la tenait enfermée dans un verre cylindrique couvert d'un réseau. Tant que durait la belle saison, il lui donnait pour nourriture de l'herbe fraîche ; pendant l'hiver, il l'entretenait de foin mouillé. Elle était très-friande de mouches, qu'elle gobait avec une adresse remarquable. Si longtemps que le soleil donnait à la nature ce qu'il lui faut de chaleur pour être joyeuse et parée, cette grenouille était vive, fringante, coquette (je crois que les grenouilles le sont un peu). Si quelquefois on la délivrait de sa prison, elle sautait çà et là par la chambre, comme un écolier à ses heures de récréation. Pendant la saison d'hiver, hélas ! elle maigrissait, devenait triste. Un jour enfin on la trouva morte. On prétendit que c'était l'effet du chagrin.... de n'avoir pas mangé de mouches ; car les mouches manquèrent absolument cet hiver-là.

LE ROI DES HARENGS.

Il faudra bien que vous l'avaliez (non pas

le roi des harengs, mais mon histoire); car, voyez-vous, le fait est vrai, et j'ai à mon service tous les marins des îles occidentales de l'Ecosse qui lèveront les bras, chacun à son tour ou tous ensemble, pour vous assurer qu'il y a bien véritablement un roi des harengs. Cet animal, (sauf le respec dû à sa dignité), est ordinairement d'une grosseur double de celle des autres. Quand vient le moment de la migration, il se met à la tête de son peuple et le conduit à travers l'immensité des mers, le guidant de sa vieille expérience. S'il est vrai, comme le croyait Francklin, que les animaux ont une langue qu'ils savent parler entre eux, le hareng couronné doit donner à ses sujets des ordres du jour, et leur faire des proclamations à sa manière, comme par exemple : « Camarades, souvenez-vous qu'un bon hareng doit toujours s'efforcer d'être un mauvais poisson. »

S'il arrive dans une pêche aux harengs, que les pêcheurs prennent leur roi vivant, ils ont bien soin de le rejeter à l'eau. comme s'ils craignaient de commettre le crime de lèze-majesté.

HIRONDELLE DU CORDONNIER DE BALE.

Les artistes en cuir, non pas les cordonniers pour hommes et pour dames, cette invention de luxe qui devait appartenir à notre époque, mais les cordonniers, selon la vieille chronique, les savetiers, enfin, puisqu'il faut les appeler par leur nom, avaient autrefois un goût tout particulier à élever des oiseaux. La province conserve encore quelques-uns de ces vieux types, espèce de Roquelaures populaires, qui ont le joyeux privilége de dire des lazis à tout le quartier, sans que personne ait jamais songé à s'en fâcher. Fidèles à la tradition, ils ont toujours à leur porte un oiseau quelque peu curieux.

Or donc, Buffon raconte qu'un cordonnier de Bâle ayant mis à une hirondelle un collier qui portant cette inscription :

> Hirondelle,
> Qui est si belle,
> Dis-moi, l'hiver, où vas-tu ?

Reçut le printemps suivant, et par le même courrier, la réponse qui suit :

> A Athènes,
> Chez Antoine.
> Pourquoi t'en informes-tu ?

Je gagerais que cet Antoine était aussi un cordonnier.

HIRONDELLES SECOURABLES.

J'ai vu une hirondelle qui s'était malheureusement, et je ne sais comment, pris la patte dans le nœud coulant d'une ficelle, dont l'autre bout tenait à une goutière du collége des Quatre - Nations. Sa force épuisée, elle pendait et criait au bout de la ficelle qu'elle relevait quelquefois en voulant s'envoler.

Toutes les hirondelles du vaste bassin, entre le pont des Tuileries et le Pont-Neuf, et peut-être de plus loin, s'étaient réunies au nombre de plusieurs milliers. Elles faisaient nuage, toutes poussant le cri d'alarme et de pitié. Après une assez longue hésitation., et un conseil tumultueux, une d'entre elles inventa un moyen de délivrer leur compagne, le fit comprendre aux autres, et en commença l'exécution. On fit place : toutes celles qui étaient à portée vinrent à leur tour, comme à une course de bague, donner, en passant, un coup de bec à la ficelle. Ces coups, dirigés sur le même point, se succédaient de seconde en seconde, et plus promptement encore..... Une demi-heure de ce travail fut suffisante pour couper la ficelle, et mettre la captive en liberté. Mais la troupe, seulement un peu éclaircie, ajoute M. Dupont de Nemours, qui fut le témoin de cet événement, resta jusqu'à la nuit, parlant toujours d'une voix qui n'avait plus d'anxiété, comme se faisant mutuellement des félicitations et des récits.

HIRONDELLES RUSÉES.

Les moineaux, comme vous savez, sont gens à s'accommoder parfaitement du bien d'autrui. La hardiesse est leur moindre défaut.

Certain Pierrot, voleur de profession, trouva un jour un nid d'hirondelle fort à sa convenance ; il s'en empare. L'hirondelle qui croyait au proverbe *à chacun selon son droit*, essaya de chasser l'intrus qui s'était emparé de son gîte. Ne pouvant y réussir, elle alla chercher un grand nombre de ses compagnes, qui, accoururent à tire-d'aile, se promettant bien de faire bonne chasse à l'imprudent moineau ; mais elles s'aperçurent bientôt que tout leur courage était inutile, car l'usurpateur, enveloppé dans le nid qui lui servait de cuirasse, leur présentait à toutes, son gros bec comme une dague meurtrière ; lassées de pareils combats, elles prirent la fuite, laissant le moineau, content et victorieux, se complaire dans leur défaite ; mais la gloire du méchant ne dure pas : quelques minutes après, on vit les hirondelles revenir à la charge portant chacune une certaine provision de boue dans leur bec ; les voilà qui fondent de nouveau et toutes ensemble sur le moineau qu'elles claquemurent en bouchant l'ouverture du nid. Ainsi mourut l'usurpateur primitif.

Si quelqu'un mettait en doute cette histoire, nous lui dirions qu'elle est garantie par le grand Linnée.

LE LAMENTIN DE CARAMATEXY.

Ce poisson est une espèce de vache marine. On raconte que le prince Caramatexy en avait pris un dans une île espagnole, et qu'il le nourrit pendant vingt-six ans dans le lac Guaynabo.

Mato, mato, lui criait-on du rivage (ce nom, qu'on lui avait donné, signifie *magnifique* dans la langue du pays), tout aussitôt il se prenait à nager de toutes ses forces, sortait du lac et se traînait jusqu'à la demeure de celui qui lui avait offert de la nourriture. Vous l'eussiez vu retourner ensuite au lac, entouré d'une foule d'enfans qui lui faisaient grand plaisir de chanter. Car aussitôt qu'ils entonnaient une chanson, le lamentin redoublait ses témoignages de joie et de reconnaissance; il n'était pas rare de le voir traverser les eaux de son lac portant un enfant assis sur son dos. Cependant cet animal si confiant finit par ne plus oser se montrer. Est-ce donc assez de vivre avec les hommes, pour avoir besoin de les fuir? *Mato* avait failli devenir la victime d'un Espagnol qui, voulant voir si ce que l'on disait de la dureté de la peau de cet animal était vrai, l'attira perfidement sur le bord du rivage, lui décocha un javelot qui pourtant ne le blessa point. Depuis cet événement, *Mato* devint très-circonspect, et ne se rendait aux invitations qui lui étaient faites, qu'après s'être bien assuré qu'il avait à faire à un Indien, ce qu'il reconnaissait fort bien à la barbe. Enfin, dans une forte crue de la rivière Haibonicot, qui va se décharger dans le lac Guaynabo, ce lamentin s'en retourna à la mer.

LES LAPINS DE BUFFON.

La paternité chez ces animaux est très-respectée, j'en juge ainsi, dit Buffon, par la grande déférence que tous mes lapins ont eu pour leur premier père, qu'il m'était aisé de reconnaître à cause de sa blancheur : la famille avait beau s'augmenter, ceux qui devenaient pères à leur tour lui étaient subordonnés ; s'il survenait une querelle , soit pour des femelles , soit qu'ils se disputassent la nourriture , le grand-père, qui entendait du bruit, accourait de toute sa force , et dès qu'on l'apercevait, tout rentrait dans l'ordre ; s'il en attrapait quelques-uns aux prises, il les séparait et en faisait sur-le-champ un exemple de punition. Une autre preuve de sa domination sur toute sa postérité , c'est que les ayant accoutumés à rentrer tous à un coup de sifflet, lorsque je donnais ce signal, et quelque éloignés qu'ils fussent, je voyais le grand-père se mettre à leur tête, et, quoique arrivé le premier, les laisser tous défiler devant lui, et ne rentrer que le dernier.

LE LÉZARD AMATEUR DE MUSIQUE.

Nous laisserons raconter à M. Lamartellière lui-même, l'anecdote suivante dont il a été témoin lors de son séjour dans le château de Sturmberg.

A dix pieds au-dessous de nos croisées, dit-il, le rocher faisait une saillie, et cette saillie offrait un petit espace uni d'environ quinze pouces carrés. Dès que le soleil dardait ses rayons sur cette plate-forme, un énorme lézard quittait la fente voisine qui lui servait de retraite, et venait s'y reposer. Aussitôt que l'ombre projetée du château gagnait cette place, notre solitaire s'en éloignait pour rentrer dans son asile, dont on ne le voyait sortir que le lendemain. Cette vie, régulière et constamment uniforme, nous avait frappés depuis plusieurs jours, lorsque nous reçumes nos instrumens de musique. Les premiers sons le firent rentrer dans sa retraite ; mais il ressortit aussitôt, en s'avançant lentement vers la place qu'il avait habitude d'occuper. Le lendemain donna lieu à la même observation :

cependant sa marche était plus assurée ; il soulevait la tête, et une espèce de tressaillement faisait varier avec rapidité les différentes nuances dont son dos était coloré : le troisième jour, la crainte avait disparu, et sa sortie, ainsi que sa rentrée, suivirent immédiatement l'apparition ou le déclin du soleil.

Un soir, c'était le neuvième ou dixième jour que nous étions en possession de nos instrumens, notre lézard était rentré depuis une demi-heure ; nous exécutions de mémoire un *Cantabile* plein d'harmonie : une mélancolie douce donnait à notre jeu ce charme indéfinissable qu'on a coutume de nommer expression, et qui n'est véritablement qu'une émanation de l'âme, modifiée d'après les affections dont elle est pénétrée. Nous n'avions pas achevé la première partie, que nous apercevons notre lézard sortir la tête de sa fente ; la seconde partie semble fixer son irrésolution ; il quitte sa fente, et, malgré l'absence du soleil, il vient, pour nous écouter, prendre sa place accoutumée. Le *Cantabile* fini, il retourne dans son asile ; nous jouons plusieurs airs dans le même ton que le précédent, mais rien ne l'en peut tirer. Le jour suivant, nous recommençons notre expérience, et son effet est le même ; la seconde partie de notre *Cantabile* fait chaque fois paraître notre lézard.

Ce n'est plus le soleil qui fixe le moment de sa sortie ; c'est le charme de notre harmonie : il s'y abandonne avec une sorte d'ivresse : il renonce, pour le goûter, à la régularité de sa vie ; ce *Cantabile* devient un véritable appel auquel notre solitaire ne manque pas de se rendre avant ou après l'aurore, dans le milieu ou vers le déclin du jour, toutes les heures lui sont égales ; dès que la seconde partie de ce morceau commence, il est là pour l'écouter ; tout le reste du concert ne l'intéresse pas ; si vous répétez son air favori, il revient ; si vous en jouez un autre, il reste chez lui. Quelquefois, pour éprouver son jugement, nous commençons par la seconde partie ; mais il paraît aussitôt, comme pour nous prouver qu'il s'y connaît, et qu'il n'est pas dupe de cette mauvaise plaisanterie.

Nous réitérâmes cette expérience pendant près de deux mois, et souvent à trois et quatre reprises par jour, sans qu'elle se démentît une seule fois. Je me trompe : deux jours de suite notre solitaire ne se rendit à aucun de nos appels ; mais il avait plu, la terre était humide, peut-être était-il indisposé ; car le troisième jour il reprit ses exercices accoutumés.

LE LIÈVRE DANSEUR.

Un auteur anglais rapporte qu'on a vu à

Londres, non pas sans une grande admiration, un lièvre qui dansait en observant très-bien la mesure.

Le virtuose animal jouait du tambour avec ses pattes de devant, exécutant des marches, des contre-marches, des roulemens, etc. Malgré sa qualité de lièvre, il était assez vaillant pour ne pas redouter les chiens, qu'il mordait et égratignait de son mieux.

Scaliger rapporte, que son aïeul maternel avait un lièvre si privé, qu'il allait à la chasse avec les chiens courans, et qu'il revenait assez souvent au logis la geule ensanglantée.

Le docteur François Paullini raconte que le gouverneur d'Aldorff avait un lièvre qui suivait les gens de la maison comme un chien. Il jouait avec les chiens et les chats. Quelquefois il se posait gracieusement à la croisée, occupant ses loisirs à voir défiler les passans. Il avait sa place à table et s'y tenait avec toute la convenance d'un lièvre bien appris. Il allait pisser proprement dans un pot de chambre d'étain (je demande pardon au lecteur de tous ces menus détails : mais rien n'est indifférent dans la vie d'un grand..... lièvre). Un jour qu'on avait oublié de mettre le pot à sa place accoutumée, le lièvre, pressé par le besoin et d'ailleurs craignant de faire des malpropretés, sauta sur la table et pissa dans un plat d'argent. Ce trait caractéristique ferait supposer qu'il s'était fait une théorie à part sur ce que l'on entend vulgairement par propreté, et qui consiste à ne pas pisser.... sur la table. Nous sommes loin cependant de vouloir dénigrer notre héros et nous appellerons cela, si l'on veut, une *originalité*.

LIONS APPRIVOISÉS.

Il est rapporté dans l'*Histoire des croisades*, qu'un chevalier français avait apprivoisé un lion au point que cet animal, ne pouvant se passer de lui, l'accompagnait partout et combattait à ses côtés. On dit que le chevalier, à son retour en Europe, ne pouvant l'embarquer avec lui, le lion le suivit à la nage jusqu'à ce que l'épuisement de ses forces l'eût fait succomber. Le prétexte ne nous paraît pas vraisemblable, et c'est une ingratitude de plus à mettre sur le compte de notre espèce, d'ailleurs si oublieuse.

Jean Léon raconte qu'à Pietra-Rossa, ville du royaume de Fez, les lions viennent manger les os dans les rues, comme nos chiens à Paris, sans toutefois que les femmes et les enfans s'en effraient le moins du monde.

Ferrera raconte que don Juan, roi de Castille, avait reçu, en 1434, les ambassadeurs de France, assis sur un trône magnifique et ayant à ses pieds un gros lion apprivoisé.

Don Calmet dit, au rapport d'Henry Etienne, que ce dernier vit à la tour de Londres un lion d'un caractère très-débonnaire et si amateur de musique, qu'il abandonnait la proie la plus délicate pour venir écouter le son d'un instrument. L'histoire du lion d'Androclès est trop connue, pour que nous la rapportions ici.

ORIGINE DE L'ORDRE RELIGIEUX
DU PRÉMONTRÉ.

Un lion de la forêt de Long faisait les plus grands ravages du temps de Louis-le-Pieux, fils de Louis-le-Gros. Enguerrand de Coucy, un des plus puissans seigneurs du canton ravagé, voulut délivrer sa province de ce fléau désastreux. Conduit au lieu où ce terrible animal se tenait habituellement, et l'ayant vu tout-à-coup à côté de lui, il dit à son guide : tu me l'as de près montré. En prononçant ces paroles, il chargea vigoureusement le lion, et, après une lutte acharnée où les deux adversaires se tenaient corps à corps, le lion fut terrassé, vaincu et perdit la vie. Ce fut en mémoire de cette action que le seigneur Enguerrand fonda une abbaye, au lieu même, théâtre de sa victoire ; elle reçut le nom de Prémontré par allusion aux paroles qui avaient précédé immédiatement l'attaque du lion. La figure du lion fut sculptée en pierre de grandeur naturelle; on orna cette statue d'un collier ou étaient attachées les armes du vainqueur. La statue existe encore, et se voit dans le château de Coucy. Le seigneur Enguerrand institua de plus un ordre du lion, afin de perpétuer le souvenir de sa victoire.

LA LIONNE DE LA MÉNAGERIE.

On voit au Jardin des Plantes, une lionne qui vit familièrement avec un chien de l'espèce des traques. Cette lionne est peut-être de toutes les bêtes féroces, la plus douce de la ménagerie. Jamais on ne lui a surpris le moindre geste qui annonçât l'impatience, ni même la méchanceté. Elle caresse d'une façon douce et toujours de manière à rassurer les personnes qui s'en approchent; elle semble même proportionner ses caresses à leur faiblesse. On croit communément que c'est au chien, son commensal, qu'elle doit ces manières agréables et polies. La patience de cet animal est portée à un si haut degré, que le chien ne craint jamais d'en abuser: il l'égratigne, lui mord les lèvres jusqu'au sang; il lui a même arraché tous les poils de sa moustache. Son caractère primitif ressort cependant chaque jour au moment du repas. La lionne reprend alors tous les droits que lui donne sa force. Alors elle ne souffre seulement pas l'approche ni les regards de convoitise du chien, et ce dernier comprend tout le danger auquel il est exposé. Il va s'établir dans un coin obscur de la loge, jusqu'à ce que sa dangereuse amie, ayant satisfait son appétit, lui laisse manger à son tour le pain qu'on lui apporte après.

LE LION

DU GRAND DUC DE FLORENCE.

La ville de Naples était ravagée par la peste, M. Georges Davis, consul anglais dans cette ville, s'était réfugié à Florence, pour se préserver de la contagion; il alla un jour visiter la ménagerie du Grand-Duc, il s'y trouvait un lion qui, à l'aspect de M. Davis, s'élança vers lui avec toutes les marques de joie possibles. Son élan ne fut arrêté que par les barreaux de sa loge, et là, dressé sur ses pattes, il lui léchait les mains. Le garde, surpris, effrayé de la hardiesse du consul, s'empressa de le tirer en arrière, en le priant de ne pas exposer sa vie d'une manière aussi imprudente. M. Davis, loin de l'écouter, ouvrit la loge et y pénétra. A peine y fut-il entré, que le lion se dressa tout à fait, lui appliqua ses deux pattes sur les épaules et se mit à lui lécher le visage, puis il sautait de joie, bondissait comme un chien qui retrouve son maître après l'avoir perdu. Enfin, ces deux étranges amis se séparèrent, après s'être embrassés avec une grande effusion. Cette aventure fut bientôt répandue dans toute la ville, et les bonnes femmes regardaient M. Davis comme un saint. La nouvelle ne manqua pas de parvenir aux oreilles du Grand-Duc, qui, curieux d'en avoir l'explication, envoya chercher le consul qui lui raconta ce fait de la manière suivante. « Ce lion, lorsqu'il était encore fort jeune, me fut donné par un capitaine de vaisseau, qui revenait de la Barbarie. Je parvins à l'élever au point qu'il venait dans ma salle à manger lorsque j'avais quelques amis à ma table. Parvenu à l'âge de cinq ans, il lui arriva de blesser un de mes domestiques qui jouait avec lui ; je voulus alors le tuer, craignant des accidens plus graves. Mais un de mes amis s'y opposa et me pria de le lui abandonner ; j'y consentis ; et depuis je l'avais perdu de vue. »

Ce fut au tour de M. Davis d'être surpris lorsque le Grand-Duc lui apprit qu'il le tenait lui même de la personne qui l'en avait débarrassé.

Un autre lion du Grand-Duc de Florence s'échappa de sa loge et parcourait les rues de la ville, semant l'épouvante et la terreur de tous côtés. Une femme fuyait, emportant son enfant dans ses bras, éperdue, elle le laisse tomber. Le lion le saisit avec ses pattes et le prend dans sa gueule. La mère au désespoir se jette aux genoux de cet animal et lui demande la vie de son enfant, en poussant des cris déchirans. Le lion s'arrête, dominé par le regard de cette femme, remet doucement sa proie à ses pieds et s'éloigne lentement.

LA LIONNE DE MALDONATA.

Le P. de Charlevoix, dans son *Histoire du Paraguay*, rapporte un fait extraordinaire d'une lionne. En 1536, les Espagnoles se trouvaient assiégés dans Buénos-Aires, par les peuples du canton. Le gouverneur avait défendu à tous ceux qui demeuraient dans la ville d'en sortir; mais craignant que la famine, qui commençait à se faire sentir, ne fît violer ses ordres, il mit des gardes de toutes parts, avec ordre de tirer sur tous ceux qui chercheraient à passer l'enceinte désignée. Cette précaution retint les plus affamés, à l'exception d'une seule femme nommée Maldonata, qui trompa la vigilance de ces gardes. Cette femme, après avoir erré dans des champs déserts, découvrit une caverne, qui lui parut une retraite sûre contre tous les dangers: mais elle y trouva une lionne, dont la vue la saisit de frayeur. Cependant les caresses de cet animal la rassurèrent un peu : elle reconnut même que ces caresses étaient intéressées. La lionne était pleine et ne pouvait mettre bas; elle semblait demander un service que Maldonata ne craignit point de lui rendre. Lorsqu'elle fut heureusement délivrée, sa reconnaissance ne se borna point à des témoignages stériles, elle sortit pour chercher sa nourriture; et depuis ce jour elle ne manqua point d'apporter, aux pieds de sa libératrice, une provision qu'elle partageait avec elle. Ces soins durèrent aussi long-temps que ses petits la retinrent dans la caverne. Lorsqu'elle les en eut retirés, Maldonata cessa de la voir, et fut réduite à chercher sa subsistance elle-même. Mais elle ne put sortir souvent sans rencontrer les Indiens, qui la firent esclave. Le ciel permit qu'elle fût reprise par des Espagnols, qui la ramenèrent à Buénos-Aires. Le gouverneur en était sorti. Un autre Espagnol, qui commandait en son absence, homme dur jusqu'à la cruauté, savait que cette femme avait violé une loi capitale, il ne la crut pas assez punie par ses infortunes. Il donna ordre qu'elle fût liée au tronc d'un arbre, en pleine campagne, pour y mourir de faim, qui était le mal dont elle avait voulu se garantir par la fuite; ou pour y être dévorée par quelque bête féroce. Deux jours après il voulut savoir ce qu'elle était devenue. Quelques soldats, qu'il chargea de cet ordre, furent surpris de la trouver pleine de vie, quoiqu'environnée de tigres et de lions, qui n'osaient s'approcher d'elle, parce qu'une lionne, qui était à ses pieds avec plusieurs lionceaux, semblait la défendre. A la vue des soldats, la lionne se retira un peu, comme pour leur laisser la liberté de délier sa bienfaitrice. Maldonata leur raconta l'aventure de cet animal qu'elle avait reconnu au premier moment; et lorsqu'après lui avoir ôté ses liens, ils se disposaient à la reconduire à Buénos-Aires, la lionne la caressa beaucoup, en paraissant regretter de la voir partir. Le rapport qu'ils en firent au commandant, lui fit comprendre qu'il ne pouvait, sans paraître plus féroce que les lions mêmes, se dispenser de faire grâce à une femme dont le ciel avait pris si sensiblement la défense.

LE MANDRILL.

La disposition à mal faire est un trait caractéristique chez tous les singes; mais ils ne peuvent point, pour la plupart, être aussi méchans qu'ils le voudraient bien; de sorte que généralement leurs méfaits ne sont guère que des malices, pour lesquelles une nouvelle classification de délits a dû être créée sous le nom de *singeries*. Cependant comme leur intention malfaisante n'est jamais limitée que par leur faiblesse, elle va croissant d'espèce en espèce à mesure que les forces physiques augmentent. Ainsi on peut rigoureusement établir une proportion géométrique entre leur perversité et leur vigueur, et conclure que le plus gros des singes, (si on excepte l'orang-outang) montrera le plus de méchanceté. C'est preuve en main que nous portons ce jugement.

Le mandrill est le plus fort et le plus grand de cette famille de singes désignée sous le nom de *cynocéphale* (tête de chien). Son corps, gros comme celui d'un homme, et quelquefois long de cinq pieds, est trapu et musculeux, surtout aux parties antérieures. Sa tête, allongée et volumineuse, est attachée de près et fortement aux épaules. Les quatre jambes, égales dans leur excessive longueur, sont déliées, nerveuses et munies chacune de cinq doigts, à peu près disposés comme ceux de la main humaine, mais armés d'ongles longs, minces, tranchants et concaves. Sa gueule n'est ni moins puissante ni moins redoutable que celle d'aucun autre animal carnassier. Enfin, la souplesse de ce cynocéphale est merveilleuse, et sa force est tout au moins égale à celle de l'homme le plus vigoureux. Si nous disons maintenant que les moyens de nuire et de détruire, qui ré-sultent de cet ensemble, paraissent encore dé-passés, quelque effrayans qu'ils soient, par la volonté du mandrill, ou que du moins toutes ses forces sont incessamment tendues et mises en jeu par les passions les plus brutales et les plus féroces, à peine aurons-nous encore indiqué la mesure exacte de ce naturel pervers.

Un besoin permanent de déchirer, une haine ardente contre tout ce qui a forme vivante, apparence animée, les appétits les plus grossiers, tels sont les seules mobiles d'après lesquels le mandrill semble agir. La destruction pour elle-même est son but final : il ne donne pas la mort, comme les autres animaux féroces pour se nourrir, pour se défendre ; il blesse, il tue ceux dont il n'a rien à attendre, rien à craindre ; il veut seulement les déformer, faire cesser leur mouvement, diviser leur ensemble. Cette fureur dévastatrice s'exerce même sur les fruits, sur les végétaux dont il fait sa nourriture ; il se complaît à les déchiqueter, à les lacérer, à les éparpiller brin à brin. Si ces penchans sommeillent parfois, ils se réveillent tout à coup sans motif apparent, et les mandrills passent soudain d'un état de calme à un accès d'emportement, de l'indifférence à la colère la plus violente. Aucune influence d'habitude ou d'affection ne peut tempérer ses dispositions hargneuses ou hostiles à tout le monde ; le mandrill ne se fera aucun scrupule de mordre à belles dents, dès qu'il la pourra saisir, la main qui chaque jour lui apporte sa nourriture. La sévérité n'est pas moins inefficace sur lui que la bienveillance ; l'éducation n'obtient rien de la combinaison la plus habile, la plus patiente de ses deux grands moyens d'action, la force et la douceur ; le mandrill le mieux élevé se sera à peine corrigé d'une seule de ses inclinations bases et vicieuses, et l'on ne sait par quel art les anciens Égyptiens seraient parvenus, suivant un historien, à dresser les cynocéphales à jouer de la cithare et de la flûte. C'est peu que le mandrill soit le plus malfaisant des singes, il en est aussi le plus difforme, et la laideur, comme tous les autres attributs des quadrumanes, a été exagérée chez lui.

Sa face allongée outre mesure est pourvue de ces deux poches ou abajoues, qui, disgracieuses lorsqu'elles sont gonflées par la nourriture, le deviennent plus encore lorsque étant vidées elles retombent flasques et molles. La peau nue et d'un noir terne, qui la couvre, est sillonnée de rides profondes et longitudinales, et cependant tendue par la pression des os énormes de la mâchoire, dont les contours se dessinent peints d'une couleur tantôt bleue, tantôt violette. Le nez, plus que retroussé, puisque l'ouverture des narines n'est pas tout-à-fait au bout, est marqué dans toute sa longueur par un ruban étroit d'une couleur sanglante. Les dents, longues et larges, sont d'un jaune sale, de même qu'un bouquet de barbe taillée en pointe au bas du menton. Le front manque, et l'œil profondément enfoncé, se cache sous un sourcil épais. L'oreille enfin, pelée dans son développement et se levant en pointe, offre une teinte équivoque entre le noir et le bleu. Tout ce qu'il y a d'abject et de brutal dans le caractère du mandrill se révèle fortement sur cette figure ignoble qu'isolent et que font ressortir les longs poils dont elle est encadrée. Les formes du reste du corps, qu'enveloppe une fourrure grise, brune, olivâtre, ne sont pas moins désagréables à l'œil. La queue même, cet ornement, ce complément pour ainsi dire nécessaire de la partie postérieure des animaux marchant à quatre pattes, lui a été refusée ; à peine longue de quelques pouces, elle est sans grâce et sans vie. Le hideux animal ne se meut que par des mouvemens brusques, en faisant entendre des sons aigres et sourds, semblables aux aboiemens d'un chien et aux grognemens d'un pourceau.

L'on s'étonne et l'on regrette presque que deux dispositions que l'on aimerait à attribuer exclusivement aux naturels nobles et élevés, se rencontrent dans un caractère si complet d'ailleurs dans sa perversité. Le mandrill est plein de courage, et la conscience de sa force lui inspire de l'audace et de l'intrépidité. Il ne redoute pas la présence de l'homme, il ne s'é-

meut même point au bruit des armes à feu,
dont s'épouvantent presque tous les autres animaux. Il défend l'entrée des forêts, où il a
établi domicile, et, appelant à lui tous ceux
de son espèce, il s'efforce par ses cris d'inspirer une terreur à laquelle il est lui-même
inaccessible. Armé de pierres et de bâtons, il
dispute le terrain pied à pied, et quelquefois
arrachant de l'écorce des arbres, où elles se
sont implantées, les flèches lancées contre lui,
il les renvoie aux agresseurs avec une adresse
fatale, suivant les récits des nègres qui lui font
la guerre. Toutes les opérations de son système
de défense ne sont pas, cependant, aussi nobles
et aussi régulières, car ses excréments sont les
projectiles dont il se sert le plus volontiers et
le plus ordinairement. Ce courage du mandrill
est d'autant plus extraordinaire, que l'amour
de la liberté est nul chez lui, et que cet ennemi farouche et sauvage ne semble souffrir
que très-médiocrement des douleurs de la captivité. L'autre instinct remarquable des mandrills
est un esprit de sociabilité assez développé.
Non-seulement lorsqu'il s'agit de piller un
champ (expédition à laquelle ils procèdent
avec beauconp d'intelligence et de prudence),
ou de repousser une attaque, mais encore pour
vivre de la vie de tous les jours, ils s'organisent
et se maintiennent en une sorte d'état social,

dont la circonscription territoriale est, pour ainsi dire, tracée et défendue contre l'invasion de tout ennemi, et dont les habitudes ne seraient pas indignes d'être appelées lois.

Le mandrill habite les régions montueuses et boissées de l'Afrique occidentale et méridionale. Il est en hostilités perpétuelles contre les tribus nègres, qui ne parviennent qu'à grande peine à le repousser de leurs plantations. Les prisonniers mandrills sont tués et mangés par leurs vainqueurs, ou envoyés en Europe, pour effrayer et amuser de leur laideur, les habitués de nos ménageries.

LA MARTE DE GESSNER.

La marte fait son séjour dans les bois, elle choisit pour se loger le creux d'un arbre dans sa partie la plus élevée, recherchant la solitude aussi bien que la plus grande securité. Cet animal exhale de toutes les parties de son corps une odeur de musc qui est fort agréable.

Les grands hommes sont en bonne fortune pour tout ce qui les entoure, et ils vont à la célébrité emportant avec eux, leur plus menu bagage, car la postérité accueille toujours avec plaisir tout ce qui vient de leur part. C'es ainsi que Gessner a pris soin de nous dire qu'il avait élevé une jeune marte qu'il aimait beaucoup; il nous raconte qu'elle s'était prise d'un attachement très-étroit pour un chien qu'il avait dans sa maison; elle jouait avec lui à la manière des chats, en se couchant sur le dos et en faisant mine de vouloir le mordre.

Sa familiarité était si grande, qu'elle allait se promener chez les voisins, comme pour passer le temps, mais plus régulière que la plupart des enfans, elle ne manquait jamais de rentrer à l'heure précise des repas.

LES MERLES DE MANCHESTER.

Une troupe de merles assez considérable, s'était fixee depuis long-temps dans une caverne sur les bords de l'Irrell, dans Manchester. » Profitant d'une soirée assez claire, dit un observateur anglais (M. Percival), je me plaçai vis-à-vis de ces oiseaux pour examiner leurs travaux, leurs exercices et leurs jeux. Plusieurs décrivaient, en se pourchassant, un labyrinthe immense, et faisaient entendre des cris différens. Dans ce moment un d'eux, se tournant avec trop de vitesse, frappe de son bec l'aile d'un autre, qui en est blessé au point de tomber dans la rivière. Enfin, j'en vois un qui, s'avançant sur une pointe de rocher à fleur d'eau, parvient à sauver du péril son malheureux compagnon, et des chants d'allégresse succèdent aussitôt aux cris de douleur; mais ils ne durèrent pas long-temps. Le blessé s'efforce en vain de gagner son nid ; il tombe de nouveau dans l'eau et se noie au bruit des cris plaintifs de toute la troupe. »

MILAN VAINQUEUR D'UN AIGLE.

Le cardinal de Polignac donne pour exemple de l'intelligence et du courage des animaux, la victoire que remporta un milan sur un aigle qui avait été son agresseur.

L'aigle, probablement pour ne pas compromettre sa dignité de roi, ne répondit point aux premiers coups de bec du milan, et continua son vol avec toute la majesté d'un oiseau qui peut regarder le soleil en face. Cependant le milan, semblable à ces héros qui craignent plus encore le mépris que les coups de leurs adversaires, ne cessa point de le poursuivre et de le harceler. Enfin il lui arracha une plume qu'il emporta dans son bec comme une dépouille opime. Un aigle tient à la plus petite de ses plumes, comme un gentilhomme au moindre attribut de son blason. Donc, irrité d'un aussi sanglant affront, il se précipite sur le milan et le traîne sur un rocher où il le dépouille entièrement, le laissant nu et transi. Peut-être lui laissa-t-il la vie sauve par un raffinement de vengeance ; car je m'imagine qu'un milan d'un certain âge doit se trouver un peu honteux de n'avoir pas la plus petite plume sur le corps.

Mais un ennemi renversé n'est pas toujours un ennemi vaincu, et le ressentiment d'une injure doit faire trembler celui qui l'a faite. Le milan jura dans son âme qu'il se vengerait de son royal vainqueur. Sa fureur augmenta tous les jours avec ses forces.

Le voilà qui passe et repasse toute la journée par une ouverture que le temps et les eaux avaient faite sur un pont de bois. Mais vous allez vous imaginer qu'il est devenu fou ? Attendez ; ce sont là les épreuves d'un stratagème dont nous applaudirions vous et moi pour peu que la nature nous eût fait milans.

Attention ! il s'élance dans les airs, cherche l'aigle, le rencontre et le défie. Celui-ci, indigné d'une nouvelle attaque de la part d'un adversaire qu'il avait si bien châtié, se met à le poursuivre ; le milan passe par son trou, l'aigle veut y passer et se trouve pris.... ; et procédé pour procédé, son rusé vainqueur lui arracha toutes les plumes et lui laissa la vie.

LES MOINEAUX FRANCS.

M. Regnaud, avocat au parlement, allait passer trois mois de l'année à sa maison de campagne à Romainville. Un jour que sa femme se promenait, elle rencontra de petits paysans qui tenaient quatre petits moineaux francs qu'ils avaient dénichés. Elle les leur acheta, moins parce qu'elle en était curieuse, que pour les enlever aux tourmens dont les petits garçons sont toujours prodigues envers les oiseaux. Mais lorsqu'on voulut les mettre en cage, après leur avoir donné à manger, ils s'agitèrent de telle sorte qu'elle crut devoir leur donner la liberté. Ils s'envolèrent au jardin en face de la fenêtre, et se perchèrent sur les arbres.

Mais elle ne fut pas peu surprise lorsqu'elle les vit revenir au bout de quelques heures sur la cage d'où ils étaient partis ; on leur donna de nouveau à manger, après quoi ils retournèrent à la promenade jusqu'au soir, qu'ils vinrent retrouver leur cage et y couchèrent. Néanmoins l'un des quatre ne revint pas coucher ; on le crut perdu. Le lendemain, les trois oiseaux recommencèrent leur course jusqu'à l'heure du dîner, et ils ramenèrent avec eux le quatrième, qni mangea de bon appétit, et continua de venir ainsi dîner avec ses camarades ; mais ne revint jamais coucher le soir.

Le temps approchait où madame Reynaud devait retourner à Paris, et ce retour lui causait une sorte d'inquiétude relativement à ses quatre petits hôtes. Il y aurait beaucoup de dangers pour eux à les laisser en liberté ; d'ailleurs les toits et les cheminées de Paris leur conviendraient-ils comme les arbres de la campagne? Il n'y avait pas lieu de présumer qu'ils voulussent rester tranquillement en cage ; enfin on s'arrêta à l'idée de leur consacrer une chambre entière pour leur demeure. Mais ces oiseaux renfermés dans cette chambre à Paris , se jetaient continuellement et avec force dans les vitres , et ne voulaient point du tout manger. Leur situation fit trop de peine à leur maîtresse ; au risque de les perdre , elle ouvrit les croisées et leur donna de nouveau liberté entière.

Ces oiseaux furent aussi exacts à Paris qu'ils l'avaient été à la campagne. Il y avait dans leur chambre un lustre qu'on avait décoré de plumes de toutes sortes de couleurs ; ils vinrent , dès le premier soir , s'y percher comme sur un arbre , et continuèrent ainsi par la suite. Celui qui n'avait pas voulu coucher dans la cage à Romainville , ne voulut pas davantage coucher dans la chambre à Paris : il venait seulement prendre ses repas avec ses camarades ; mais au retour du soir , il ne les accompagnait jamais. C'était vraiment une chose curieuse que l'arrivée de ces petits oiseaux ; ils faisaient un tel tapage par leurs cris joyeux, qu'on était toujours instruit de leur arrivée , lors même qu'on ne les voyait pas. Les voisins les connaissaient aussi bien que leur maîtresse ;

et dès qu'on les entendait le soir : « Ah ! voilà les oiseaux de madame Reynaud qui viennent se coucher, » disait-on, et l'on courait aux fenêtres pour leur voir faire leur entrée. Ils voltigeaient pendant quelque temps sur le balcon, en gazouillant à plein gosier ; c'était le bonsoir qu'ils semblaient donner aux curieux, de tous côtés attentifs à les regarder ; après quoi ils volaient à leur lustre, et tout était calme jusqu'au lendemain matin.

Un soir qu'il se préparait un violent orage, il tardait à madame Reynaud que ses petits hôtes rentrassent au logis ; elle les guettait à sa fenêtre ; bientôt elle les entendit : cette fois le quatrième camarade était avec eux : c'était du nouveau. Madame Reynaud se retira à l'écart pour ne point l'empêcher d'entrer, et elle examinait à travers une porte vitrée à quoi il allait se décider. Les trois habitués allèrent droit au lustre, l'autre resta sur le balcon ; ses camarades voltigeaient du lustre à la fenêtre, comme pour l'engager à venir auprès deux. L'orage éclata ; la pluie tombait par torrens, et le tonnerre grondait d'une manière effroyable. Les trois oiseaux perchés sur le lustre, appelaient de toute leur force leur entêté de camarade ; enfin il se décida à entrer dans la chambre, vola sur le lustre et passa la nuit auprès d'eux. Sans doute qu'il se trouva bien du gîte ; car, à compter de ce jour, il revint exactement chaque soir coucher à la maison.

Peu de temps après, l'un des oiseaux tomba malade, et tous les soins de sa maîtresse ne purent lui conserver la vie. Les trois autres oiseaux, s'imaginant sans doute qu'on leur avait enlevé leur camarade, ne pouvaient plus voir madame Reynaud sans entrer en colère; ils voltigeaient autour de sa tête en criant avec force et en cherchant à lui donner des coups de bec. Elle s'avisa d'acheter un oiseau semblable à celui qui était mort; et lorsque les trois habitués furent endormis sur leur lustre, elle y percha son nouvel hôte. Mais elle fut obligée de le retirer de la société dès le lendemain ; les trois anciens ne prirent point le change sur ce nouveau compagnon ; ils ne voulurent point l'admettre dans la famille, et le maltraitèrent au point qu'il lui resta à peine quelques plumes.

Le 15 d'août, plusieurs personnes qui étaient venues voir madame Reynaud, et à qui elle avait parlé de ses oiseaux, attendaient avec curiosité l'instant de leur arrivée. Mais l'heure habituelle se passa, la nuit vint, et les trois petits coureurs ne parurent point. On concevra facilement l'inquiétude de leur maîtresse. Qu'étaient devenus ces pauvres petits? Ne leur était-il point arrivé de malheur? Quelques chats ne les avaient-ils point croqués? Pendant plusieurs jours on ne songea qu'à eux ; on s'informa dans tout le quartier ; point de nouvelles : une semaine, deux semaines se passèrent.

« Pauvres petits malheureux ! ils sont perdus pour moi ; je ne les verrai plus, » disait leur maîtresse.

C'était au mois de septembre, pendant qu'on était à dîner en compagnie ; deux oiseaux entrèrent dans la chambre, et vinrent se placer sur l'épaule de madame Reynaud. Quelle fut sa surprise en reconnaissant en eux deux de ses petits amis ! On guetta, on appela en vain le troisième ; il n'était point du voyage. Toute la société fêta le retour des deux fugitifs ; sans doute la moisson ou les amours avaient causé leur absence.

Ici-bas il n'est point de plaisir sans peine. Ce retour avait fait éprouver une joie bien douce ; elle fut de courte durée. Monsieur et madame Reynaud allaient cette année à Mortagne au Perche : c'était un voyage trop long pour amener en cage nos deux petits amis ; il fallut donc leur dire adieu. On laissa des provisions ; on recommanda aux domestiques de les soigner, comme avait coutume de le faire leur maîtresse ; elle conservait l'espoir de les trouver à son retour. Mais du moment qu'ils ne la virent plus, ils cessèrent de revenir le soir. Ce voyage de Mortagnè fut cause qu'elle les perdit tout-à-fait.

On lit dans les *instructions tirées de l'exemple des animaux*, qu'il y avait à Béziers un moineau franc qui s'était pris d'une si grande affection pour un chat qu'il ne pouvait supporter la moindre de ses absences ; mêmes plaisirs, mêmes petits chagrins, tout était commun entre deux amis dont l'un devait manger l'autre par droit de nature. Cependant ils mangeaient et dormaient ensemble. Mais hélas ! il y a toujours un mauvais génie qui se jette à travers les belles passions, et le malheur jette tôt ou tard son droit d'aubaine sur les félicités de ce monde ; un jour le chat tomba d'un quatrième et se tua, le moineau en ressentit une douleur si vive qu'il refusa de prendre aucune nourriture et se laissa mourir de chagrin.

MOUCHES REMARQUABLES.

On raconte qu'un électeur de Saxe avait apprivoisé une mouche, au point de la faire venir à discretion sur sa main et sur son front. S'il lui arrivait de vouloir la chasser, elle se couchait sur le dos et demeurait dans un état d'immobilité qui annonçait sa douleur.

LA NACRE.

La nacre naît dans les endroits limoneux et se choisit pour compagnon le pinnothère qui est une espèce d'écrevisse. Les relations, que ces animaux ont entre eux, présentent une singularité assez remarquable. Ces deux industriels mettent en commun ce que la nature leur a donné d'instinct et de ruse, et, quoique de nature différente, l'on ne comprendrait pas trop comment l'un pourrait vivre sans l'autre. Voilà de quelle manière ils s'y prennent pour s'emparer d'une proie qu'ils doivent partager.

Nous ferons observer que la nacre n'a point d'yeux, ce qui la force de solliciter une aide. D'abord elle entr'ouvre son écaille et présente un corps nu et immobile. Attirés par cette amorce, les petits poissons remplissent à l'envie son écaille pour prendre chacun leur part d'un morceau qui leur paraît friand et facile. Le pinnothère se tient en observation, et dès qu'il juge le moment favorable, il en donne avis à sa compagne par une légère morsure, la nacre ferme alors brusquement sa coquille et tue, en les serrant, tous ces petits étourdis de poissons.

L'OIE DU CHATEAU DE RIS.

Il y avait dans la basse-cour du château de

Ris deux oies mâles, un gris et un blanc, avec trois femelles ; c'était toujours querelle entre les deux mâles à qui aurait la compagnie de ces trois dames ; quand l'un ou l'autre s'en était emparé, il se mettait à leur tête et empêchait que l'autre n'en approchât. Celui qui s'en était rendu maître dans la nuit, ne voulait pas les céder le matin ; enfin les deux galans en vinrent à des combats si furieux, qu'il fallut y mettre ordre. « Un jour entre autres, dit le concierge du château, qui communiqua cette anecdote à M. de Buffon, attiré au fond du jardin par leurs cris, je les trouvais en dispute, se donnant des coups d'ailes avec une rapidité et une force étonnantes; les trois femelles tournaient autour d'eux pour les séparer, mais sans en venir à bout ; enfin, le mâle blanc (nommé Jacquot) eut le dessous, se trouva renversé, et était très-maltraité par l'autre ; je les séparai, heureusement pour le blanc, qui y aurait perdu la vie. Alors le gris se mit à crier, à chanter et à battre des ailes, en courant rejoindre ses compagnes, et en leur faisant tour à tour un ramage bruyant auquel répondaient les trois dames, qui vinrent se ranger autour de lui. Pendant ce temps-là, le pauvre Jacquot faisait pitié, et se retirant tristement, jetait de loin des cris de condoléance ; il fut plusieurs jours à se rétablir, durant lesquels j'eus occasion de passer par les cours où il se tenait : je le voyais toujours exclu de la société ; et chaque fois que je passais, il me venait faire des harangues, sans doute pour me remercier du secours que je lui avais donné dans sa grande affaire. Un jour il s'approcha si près de moi, et me marqua tant d'amitié, que je ne pus m'empêcher de le caresser, en lui passant la main sur le cou et sur le dos, ce à quoi il parut être si sensible, qu'il me suivit jusqu'à l'issue des cours.

Le lendemain je repassai, et il ne manqua pas de courir à moi ; je lui fis la même caresse dont il ne se rassasiait pas : il semblait, par ses manières me demander de le conduire près de ses chères amies ; je l'y conduisis en effet. En arrivant, il commence sa harangue, et l'adresse aux trois dames qui ne manquent pas d'y répondre : aussitôt le conquérant gris sauta sur Jacquot ; je les laissai faire pour un moment ; il était toujours le plus fort ; enfin je pris le parti de mon Jacquot ; je le mis dessus, il revint dessous ; je le remis dessus, de manière qu'ils se battirent onze minutes, et, par le secours que je lui portai, il triompha du gris, et s'empara des trois femmes.

Quand l'ami Jacquot se vit le maître, il n'osa plus quitter ses demoiselles, et par conséquent il ne venait plus à moi quand je passais ; il me donnait seulement de loin des marques d'amitié , en criant et battant des ailes , mais ne quittait pas ses belles , de peur que l'autre ne s'en emparât. Le temps se passa ainsi jusqu'à celui de l'incubation , qu'il ne me parlait toujours que de loin ; mais quand ses femmes se mirent à couver , il les laissa et redoubla d'amitié pour moi. Un jour , m'ayant suivi jusqu'à la glacière , tout au haut du parc, qui était l'endroit où il fallait le quitter , poursuivant ma route pour aller au bois d'Orangis , à une demi-lieue de là , je l'enfermai dans le parc ; il ne se vit pas plus tôt séparé de moi , qu'il jeta des cris étranges. Je suivais cependant mon chemin , et j'étais environ au tiers de la pente du bois , quand le bruit d'un gros vol me fit tourner la tête ; je vis mon Jacquot qui s'abattit à quatre pas de moi ; il me suivit dans toute ma course , partie à pied , partie au vol , me devançant souvent , et s'arrêtant aux croisières des chemins pour voir celui que je voulais prendre : notre voyage dura ainsi depuis dix heures du matin jusqu'à huit heures du soir , sans que mon compagnon eût manqué de me suivre dans tous les détours du bois , et sans qu'il en parût fatigué. Dès-lors il me suivit et m'accompagna partout , au point d'en devenir importun , ne pouvant aller en aucun endroit qu'il ne fût sur mes pas, jusqu'à venir un jour me trouver dans l'église. Une autre fois, comme il me cherchait dans le village, en passant devant la croisée de M. le curé, il m'entendit parler dans sa chambre, et trouvant la porte de la cour ouverte, il entre, monte l'escalier, et accourt près de nous, en jetant un cri de joie qui fit grand peur à M. le curé.

Je m'afflige quand je pense que c'est moi qui ai rompu le premier une si belle amitié; mais il a fallu m'en séparer par la force; le pauvre Jacquot croyait être libre dans les appartemens les plus propres comme dans le sien, et, après plusieurs incongruités de sa part, on me l'enferma, et je ne le vis plus. Son inquiétude dura plus d'un an, et il en perdit la vie de chagrin; il était devenu sec comme un morceau de bois, suivant ce que l'on m'a dit; car je ne voulus pas le voir, et l'on me cacha sa mort pendant plus de deux mois. S'il fallait répéter tous les traits d'amitié de ce pauvre Jacot envers moi, je ne finirais pas; il est mort dans la troisième année de son règne d'amitié, à l'âge de sept ans et deux mois.

Un jeune oison, dit le docteur Fritler, se laissa mourir de chagrin parce qu'il avait vu tuer sa mère. Un autre se coucha près du corps de sa mère, raconte le même auteur, et ne quitta son corps inanimé que lorsqu'il vit qu'on allait le mettre à la broche ; après avoir souffert ce spectacle pendant quelques minutes, avec tous les signes de l'angoisse la plus vive, il se précipita dans le feu.

Au rapport de Pline, une oie aima, pour sa beauté, un jeune enfant nommé Ogius, de la ville d'Olène. Glaudia la belle et joyeuse danseuse de Plotemée, fut aussi tendrement aimée par une oie et un bélier.

OISEAUX RÉVÉRÉS.

Les flammans ou phénicoptères, sont des oiseaux de la taille de la grue. On les trouve en grande quantité dans plusieurs villages des côtes de l'Afrique. Les nègres qui attachent le sort de leur existence à ces animaux, leur portent un respect superstitieux, et la vie de ces oiseaux ne peut se racheter que par la mort de celui qui les a tués. Les flammans, malgré l'incommodité de leurs cris qui peuvent s'entendre à un quart de lieue, ont pleine hospitalité chez les nègres, qui mettent tous leurs soins à leur être agréables. Quelques Français en ayant tué, les cachèrent sous des feuilles, car ils s'étaient exposés par là, à une cruelle représaille. On lit quelque part, qu'un empereur romain, se fit servir quinze cents langues de flammans dans un seul plat.

C'est une coutume religieuse chez les Kamt-schadales et les Karibes, de porter au cou, une espèce d'amulette en forme de chapelet ; elle se compose d'une quantité plus ou moins grande de becs de macareux, attachées à une courroie de cuir. Ils recoivent de la main même des prêtres, ce talisman qui doit fixer la fortune et les préserver de tout malheur dans leurs entreprises.

Le passereau ou merle solitaire, procurait par son chant, un très-vif plaisir à François Ier qui le recherchait entre tous les oiseaux.

Au dire de Suétone, Caligula portait une si grande estime à l'outarde, qu'il crut devoir l'offrir aux dieux, et en conséquence ordonna qu'on en ferait des sacrifices dans les temples.

L'OISEAU GREC.

On rapporte qu'un jeune homme qui chassait aux environs de Marseille, dans une campagne appartenant à la famille Borély d'Isoard, abattit un oiseau qui semblait appartenir à une variété des bergeronnettes. En ramassant l'oiseau palpitant et ensanglanté, il fut surpris de trouver sous son aîle, un petit papier qui portait le quatrain suivant, où respire une suave mélancolie :

Déjà s'éteint pour nous la dernière espérance ;
Bientôt va succomber l'étendard de la foi,

> Oiseau, sois plus heureux que moi,
> Et puisse-tu revoir la France.

A Éropolis, le 2 août 1827.

Vole librement; vole et vis pour la liberté; bientôt nous mourrons ici de faim pour elle.

Le jeune chasseur recueillit ce billet avec attendrissement, et le remit à M. Borély, alors président du comité grec. La surprise de l'honorable magistrat se mêla de quelque tristesse, lorsqu'il reconnut l'écriture du jeune philhellène Molière, qu'un illustre général avait recommandé au comité de Marseille. A cette époque, on avait une foi bien vive à la liberté, et les héros qui mouraient pour elle, n'étaient point traités de généreuses dupes qui n'avaient point eu le temps de s'instruire à l'égoïsme. Voilà pourtant où nous en sommes. M. Borély plaça religieusement dans son cabinet le messager et la lettre que l'on conserve encore aujourd'hui.

L'ORQUE DE L'EMPEREUR CLAUDE.

L'orque est vingt fois plus gros que le dauphin, à l'espèce duquel il semble appartenir. Quand il entre en lice l'un contre l'autre, les flots les plus lourds de la mer en sont ébranlées. Voyez, aucun vent ne souffle dans les cordages, les voiles tombent le long de leurs mats immobiles comme le manteau d'une statue de marbre; mais vienne un combat entre ces deux animaux, et vous verrez la mer bondir comme un coursier que l'on fouaille. Sous les coups de ces deux terribles adversaires, les ondes s'entassent et se brisent non moins que sous les efforts de la plus violente tempête.

Il vint un orque dans le port d'Ostie, alors que l'empereur le faisait construire. Des cuirs apportés de la Gaule et flottant sur le rivage, poussés qu'ils avaient été par une tempête qui avait brisé le navire sur lequel ils avaient été chargés; ces cuirs, disons-nous, avaient servi d'appât pour attirer ce monstrueux poisson. Il y avait plusieurs jours qu'il se repassait, lorsqu'à la fin les flots le poussèrent avec tant de violence sur le rivage, que son dos se trouva fort élevé au-dessus de la surface de l'Océan, de sorte, qu'il ressemblait assez bien à un navire échoué. L'empereur ordonna que l'on tendît quantité de filets à l'entrée du port, puis s'avançant lui-même avec ses cohortes prétoriennes montées sur des vaisseaux, il fit attaquer l'animal à coups de lances. Au rapport de Pline, qui dit avoir été témoin de ce spectacle, un des vaisseaux coula à fond, rempli qu'il fut par l'eau que le furieux animal soufflait dessus.

18.

L'OURS DE PRÉCIALI.

C'est un spectacle assez curieux de voir, au milleu de nos villes, ce cruel montagnard des Alpes tâchant de nous faire rire sous sa muselière , mais trahissant sa nature par d'horribles grognemens. Voyez le , prenant son chapeau des deux pattes pour saluer la compagnie. Oh! ne vous fiez pas à sa politesse, car ses prunelles sont en feu et Dieu vous garde de sa rencontre , si jamais il vient à rompre les fers qui captivent ses dents.

Dans son *Histoire des Insectes*, M. Bachoz raconte un fait assez singulier et dont je prie les gastronomes de vouloir bien ne jamais essayer , comme moyen , quand leur estomac fera défaut, à moins qu'ils ne veuillent s'infliger une peine expiatoire, et encore je ne le leur conseille pas.

Quand les ours ont une indigestion, dit-il, ils enduisent leur langue de miel et l'enfoncent dans une fourmillière. Comme bien vous pensez ils en ramassent une certaine quantité avec la capacité de langue que vous leur connaissez; eh bien ! ils avalent tout cela comme spécifique, et ils sont guéris.

Il y a peu de temps qu'un conducteur d'ours fit dévorer , sur une grande route, une jeune fille qui ne voulut point se rendre à sa dégoûtante passion. On a vu de ces gens-là dresser ces animaux féroces à dépouiller les passans.

Voici un fait consigné dans le *Journal de Paris* du 1er février 1836. Un conducteur d'ours, qui court le monde et gagne sa vie en faisant danser grotesquement son lourd compagnon, ayant été surpris par la nuit et une forte pluie, gagna la maison d'un paysan de sa connaissance, et lui demanda l'hospitalité. Le paysan y consentit ; mais il n'avait pour loger l'ours qu'une petite étable où était enfermé son cochon, qu'il ne voulait pas exposer aux griffes du terrible animal. Après quelques pourparlers, il fut décidé que le cochon serait logé ailleurs, et que l'ours prendrait sa place. La nuit se passa tranquillement, au moins en apparence. Mais le matin, lorsque l'hôte et le conducteur allèrent délivrer l'ours de sa prison, quelles furent leur surprise et leur frayeur, de trouver à ses côtés deux hommes morts et déchirés en pièces ! D'après les renseignemens qu'on s'est procurés à ce sujet, il paraît que ces deux hommes étaient des voleurs qui avaient, bien *malencontreusement* pour eux, choisi cette nuit-là pour aller voler le cochon du paysan, à la place duquel ils ont trouvé l'ours et la mort.

OURS DES OSTYACKS.

Les Ostyacks, peuplade de la Sybérie, supposent une âme immortelle à l'ours : ils s'imaginent que cette âme pourrait les poursuivre et les punir de quelque infraction à la bonne foi. En voici une preuve éclatante. Quand il s'agit de leur faire prêter serment de fidélité à la couronne de Russie, les Waywodes, envoyés du gouvernement, les font rassembler dans une cour où est étendue par terre une peau d'ours, et là ils prononcent les paroles suivantes : « Au cas que je ne demeure pas toute ma vie fidèle à mon souverain ; si je me révolte contre lui de mon propre mouvement et avec connaissance ; si je néglige de lui rendre les devoirs qui lui sont dus, ou si je l'offense en quelque manière que ce soit, puisse cet ours me déchirer au milieu des bois ! » Ils ne doutent pas, après cela, que l'âme de l'ours, errante dans les bois, ne chercherait à se venger, s'ils violaient leur serment ; et il n'y a pas d'exemple qu'ils l'aient jamais violé.

L'OURS AU MIEL.

Qu'il vous soit dit en passant, mon cher lecteur, si du moins vous ne le savez déjà, que l'on trouve une très-grande quantité de miel en Moscovie. C'est surtout dans le creux des arbres que les abeilles déposent cette excellente production. Démétrius dans son histoire de ce pays, raconte l'aventure qui va suivre :

Un paysan était allé faire sa provision de miel dans une forêt. En ayant découvert un dépôt abondant dans le tronc d'un arbre, il s'y laissa couler, et certes le proverbe qui dit qu'*abondance ne nuit jamais*, se trouve ici, ce me semble, dans un grand défaut, car il y avait tant et tant de miel, que le malheureux *paysan en bonne fortune*, s'y enfonça jusqu'à la ceinture, à peu près comme une mèche dans la chandelle. Comment fera-t-il pour remonter ? déjà tous ses efforts sont épuisés. Dieu me soit aide ! dit l'infortuné, et presque au même instant il vit un ours qui descendait à reculons dans ce même tronc pour aller prendre, lui aussi, bonne ration de miel, à moins que vous n'aimez mieux supposer qu'il s'était entendu avec la providence pour sauver le malencontreux paysan. Quoiqu'il en soit, ce dernier n'eut pas plus tôt vu l'ours à sa portée qu'il lui saisit fortement les jambes et se mit à pousser de hauts cris. L'ours épouvanté se lança hors du trou, et retira le paysan sans lui demander aucune explication.

L'OURS DU JARDIN DES PLANTES.

Dans son histoire des Animaux célèbres, M. de Saint-Gervais fait la biographie suivante d'un ours qui se trouve au jardin des plantes, et que presque toutes les bonnes aussi-bien que les gamins de Paris connaissent parfaitement.

Il est dans le fossé qui sépare le jardin des nouvelles constructions. Un arbre, planté au milieu du fossé, lui sert de point d'élévation pour se montrer aux personnes qui se promènent dans le jardin. Quand il y en a un assez grand nombre amassées le long de son parapet, il descend de son arbre, et vient se planter droit sur ses deux pattes de derrière comme pour saluer la compagnie. En même temps il ouvre une grande gueule, pour demander si l'on n'a pas quelque chose à lui donner. Il est très-friand de gâteaux de Nanterre, de pain d'épice, de biscuit, de macarons; il reçoit très-adroitement dans sa gueule, et à la volée, tout ce qu'on lui jette. Mais rien n'est curieux comme de lui voir manger des noix ; il les casse et les épluche soigneusement, jetant de côté le bois pour n'avaler que l'amende.

Lorsqu'il se présente ainsi dressé sur ses pattes, et qu'on veut lui faire gagner ce dont on le régale, on lui dit : *Colin* (c'est un nom qu'on lui a donné et qu'il entend très-bien), *tourne*; alors cet animal fait un demi-tour en se tenant toujours droit ; et se renversant la tête en arrière, il reçoit de cette manière dans sa gueule, et tout aussi adroitement, ce qu'on lui jette. Des espiègles se font un jeu quelquefois de le faire tourner et retourner sans lui rien donner; mais si *Colin*, ainsi trompé, perd une fois patience, il prend un bâton dans son fossé et cherche à punir ceux qui se sont moqués de lui. Il a couru un bruit qu'il avait dévoré un enfant qui était tombé de dessus le parapet; heureusement il est même faux qu'un enfant soit tombé. Un chien qu'on a poussé malicieusement dans ce fossé, est resté un jour entier avec l'ours, sans que celui-ci lui ait fait le moindre mal.

Jonston dit qu'un prince de Lithuanie avait un ours qui, tous les matins, en sortant du bois, venait au palais, frappait à la porte avec ses pieds de devant, demandait à manger, et, après avoir pris son repas, s'en retournait à la forêt.

L'OURS DE WEROË.

Si jamais vous allez à Werroë, vous y verrez dans la grande église, une peau d'ours que l'on vous montrera comme une curiosité. Là, comme ailleurs ; on n'attendra pas que vous fassiez des questions, et vous trouverez un obligeant Cicérone qui vous racontera l'histoire que je vais vous dire.

Entre les îles de Moskoë et Tœfaden, en Norwège, au 68ᵉ degré du nord, on voit un gouffre épouvantable qui engloutit tous les vaisseaux qui s'en approchent de trop près. Les baleines, ces espèces de vaisseaux vivans, ne peuvent, malgré leur force prodigieuse, résister à l'entraînant tourbillon qui les déchire d'abord avec les pointes de rochers qui le bordent, puis les avale à tout jamais. C'est une chose effroyable à entendre quand ces animaux sont dans cet abîme, avec quelle force et quel rugissement ils se défendent contre la violence de l'eau.

On rapporte qu'en 1627, un ours prodigieux par sa taille, traversa le gouffre dont nous parlons et arriva dans l'île de Moskoë, où il mourut exténué de fatigue. C'est en mémoire de cet événement que l'on conserve sa peau comme une rareté.

L'OURSE BONNE MÈRE.

L'équipage la frégate la *Carcasse*, qui avait été envoyé pour visiter le pôle arctique, a été témoin du fait que nous allons raconter.

Depuis plusieurs jours ce vaisseau était arrêté

par les glaces. Un matin, la sentinelle du grand mât, donna l'éveil, annonçant que trois ours venaient fondre sur l'équipage.

Cependant ce n'était point aux hommes qu'en voulaient ces animaux, mais bien aux débris d'un cheval marin, tué quelques jours aupaÂravant, et dont les membres étaient jetés çà et là sur les glaces. L'équipage leur en jeta quelÂques morceaux que l'on avait gardés, et sur lesquels la mère se jeta avidement (car les deux autres n'étaient que ses oursins). Or donc, cette bonne mère, malgré sa nature d'ourse, fit trois parts du butin, en donna une à chacun de ses petits et garda la moins forte. Au même instant ses deux chers oursins furent étendus à ses côtés d'un coup de fusil, et elle-même fut grièvement blessée ; mais il eût fallu la percer au cœur pour l'empêcher de se dévouer à ses enfans.

DES DIFFÉRENTES

RACES DE CHIENS.

—

Nous empruntons à l'un de nos écrivains modernes les plus distingués, ce fragment d'histoire sur les chiens.

Comme, un de ces jours passés, par ces temps pluvieux qui servent de transition entre l'automne et l'hiver, tranquille au coin de l'âtre, je laissais passer une journée longue et inoccupée, je pris quelques livres dans lesquels j'espérais trouver une ressource contre l'ennui ; mais bientôt je posai un roman, en me demandant : *Qu'est-ce que cela prouve ?* Puis je rejetai un livre d'histoire, en renversant la question : *Qui est-ce qui prouve cela ?*

Un écrivain a dit : « Tout homme est à vendre ; il s'agit seulement de trouver la monnaie qui lui convient. »

Et l'écrivain avait raison. Ce n'est pas l'argent seul qui corrompt les hommes, c'est l'amour, c'est la haine, c'est la crainte. Il y a tel homme que vous corrompez en flattant sa manie, et en l'appelant incorruptible.

Ainsi, que croire de l'histoire ?

Où trouver des héros non flattés ou non calomniés ?...

— Parbleu, fis-je, je vais faire un fragment d'histoire impartiale, je vais parler des chiens.

De même que, chaque fois que vous parlez d'un soldat de l'empire, il se présente toujours à votre esprit l'image d'un grenadier de la vieille garde, jamais celle d'un hussard, ni d'un cavalier quelconque, ainsi, quand vous parlez d'un chien en général, vous entendez toujours un barbet.

Le barbet, fidèle, intelligent, adroit ; le barbet qui fait l'exercice ; le barbet qui va chercher dans l'eau la canne de son maître ; le barbet que l'on peigne le dimanche avant les enfans ; le barbet assez patient pour se prêter pacifiquement aux jeux cruels et tyranniques héritiers bruyans de son maître ; le barbet, qui, malgré son aspect peu séduisant, ses manières un peu communes, et peut-être son esprit, qui l'éloignent des salons et le relèguent dans la mansarde de l'ouvrier, trouve encore moyen d'être aristocrate et fier de la redingote marron de son maître, aboie contre la veste, et mord l'homme en sabots.

Je viens de parler des chiens qui font l'exercice. A part nous, rien ne nous déplaît autant que les *animaux savans*. Il n'en est aucun qui ne perde prodigieusement à cette science, inculquée le plus souvent par le fouet. Nous n'affirmons pas qu'il en soit autant des hommes. Malgré notre éloignement pour les chiens qui *font le mort*, qui *sautent dans un cerceau* et *présentent les armes*, nous enveloppons les petites jouissances de vanité que ces talens procurent à leurs maîtres, dans le respect que nous professons pour tous les bonheurs, pour toutes les joies, quelque petites ou incompréhensibles qu'elles nous puissent paraître.

A propos de barbet, on ne peut m'empêcher de citer un trait qui me fait infiniment d'honneur, et dont je tire vanité chaque fois que le hasard a la bonté de m'en présenter l'occasion, ou le prétexte.

Il y a trois ans peut-être, vers la fin de l'automne, à l'époque où les premières gelées couvrent de givre les branches nues des arbres, où les premiers canards sauvages viennent s'abattre sur les joncs des étangs, j'errais, je ne sais sous quel prétexte, sur les rives de la Marne, dont l'eau jaunâtre faisait sentir comme une appréhension de froid.

Je doublai le pas, en voyant, sur le bord, un groupe de quelques personnes immobiles et regardant attentivement dans l'eau. Arrivé, j'aperçus un pauvre barbet, soufflant, haletant, qui s'efforçait en vain de gravir la berge, haute de plusieurs pieds, et qui, épuisé de fatigue, se laissait, par momens, disparaître sous l'eau.

Un des hommes qui le regardaient était pâle; à ses yeux suivant avec anxiété les mouvemens du chien, à sa respiration difficile, à sa voix tremblante qui appelait *Mouton*, je devinai le maître ou plutôt l'ami du chien. Je me déshabillai, me jetai dans l'eau glacée et ramenais *Mouton*. Avant de me remercier, le maître embrassa son chien; puis, trouvant tout naturel qu'on s'exposât pour *Mouton*, et un peu fâché que je lui eusse enlevé la joie de ce devouement, il me dit: Ah! monsieur, vous êtes bien heureux de savoir nager.

Pour rester fidèle à mon système d'impartialité, il faut dire que l'on a étrangement abusé du chien. On lui a donné toutes les vertus impossibles que s'est imposées l'homme social; on a même inventé des vertus exprès pour lui, à tel point que si cette admiration ne s'expliquait naturellement par l'amour des hommes pour le merveilleux, par un besoin de croyance qui fait, ainsi que le dit Pascal, que *faute de vrai ils s'attachent au faux*, je pencherais à croire que le chien n'est qu'un contraste, une antithèse créée par la civilisation pour faire honte aux hommes de leurs vices: comme Tacite, autrefois, d'une peuplade de sauvage fit un type admirable, auquel il prêta toutes les vertus qui manquaient aux romains.

L'instinct et l'intelligence du chien sont admirables. Des maladroits, quelles que soient leurs vues, par de ridicules exagérations, donnent même parfois envie de faire de l'opposition contre l'*ami de l'homme*, et de nier le chien.

Cependant les développemens des facultés instinctives de cet animal excitent l'admiration et l'affection.

Voyez le chien du Grœnland, par qui son maître franchit des déserts impraticables à tous les autres animaux.

Voyez le chien de berger, maître sévère, défenseur intrépide, associé obéissant.

Mais surtout le compagnon naturel de l'homme, le chien de chasse, chien couchant, chien terrier, etc., dont les portraits sont plus amusans que la sèche énumération.

A ce propos, nous devons attaquer un préjugé. On peint et on dessine toujours le chien d'arrêt le nez à terre; or, on fait une généralité d'un défaut : la perfection du chien d'arrêt est de chasser le nez au vent. Le chien qui fouille et porte le nez en terre fait lever le gibier, ou fait son arrêt de trop près pour qu'il tienne assez long-temps ; tandis que celui qui porte le nez haut, ne s'en approche que par degrés, plus ou moins, suivant qu'il le sent inquiet ou rassuré; et les perdrix elles-mêmes, voyant le chien près d'elles, ne s'en effraient point, ne comprenant pas qu'il les suit à la piste.

C'est un compagnon presque indispensable pour le chasseur qu'un beau chien couchant; lui seul peut rendre la chasse abondante. Aussi a-t-il existé presque de tout temps des lois contre ces chiens.

En 1578, Henri III défendit la chasse au chien couchant *sous peine de punition corporelle, pour les roturiers; et, pour les nobles, d'encourir la disgrâce du roi !* plusieurs ordonnances de Henri IV, et surtout celle de 1607, la défendent formellement, *attendu,* y est-il dit, que *la chasse aux chiens couchans fait qu'il ne se trouve presque plus de perdrix ni de cailles.*

Et enfin celle de Louis XIV, qui est, je crois, la dernière, interdit cette chasse *en tout lieu* et très-sévèrement, surtout jusqu'à une distance de trois lieues *des plaisirs du roi.*

Ici je vous donnerai un avis : considérez comme votre ennemi mortel tout chasseur qui chasse avec vous sans chien. A chaque instant le gibier partira entre vous et lui, et aucun lièvre, aucune perdrix n'est exposée autant que vous; car ils n'ont à redouter que son adresse, tandis que vous encourez les inombrables chances de sa maladresse.

Et aussi l'homme qui chasse sans chien est exposé à pis que des dangers, à des ridicules. Cet automne, un homme, que j'aime assez pour ne pas le nommer en cette circonstance, a tué, au sortir d'une haie, un énorme dindon qu'il a fallu payer et rapporter dans son carnier.

Parmi les chiens utiles encore il faut penser au dogue, au mâtin ; le gardien, le portier, le cerbère de nos maisons, plus puissant, en faveur de la propriété, que le code et la cour d'assises.

Et aussi au boule-dogue, qui, partageant avec lui cet honorable emploi, est célèbre par sa force, son audace et son acharnement dans les combats. C'est en Angleterre qu'il faut voir ces luttes. Ici, dans un établissement connu sous le nom de *Combat des animaux*, tour à tour un cochon maigre, sous le nom de féroce *sanglier des Ardennes*, et une vieille vache boiteuse, sous celui de *jeune et indomptable taureau*, sont abattus par des chiens de boucher.

Mais, parmi les chiens, les plus chéris, les plus choyés, fêtés, caressés, calinés, sont les chiens, inutiles à leurs maîtres et incommodes pour les étrangers. Long-temps a régné l'épagneul ; puis, sous l'empire, le carlin, sorte de boule-dogue in-32, a été en possession de siéger sur les canapés et de mordre les jambes des amis de la maison.

Le carlin, hargneux, grognon, gourmand, assez semblable pour le masque à l'ancien arlequin de la comédie Italienne;

Et aussi la levrette, à laquelle je n'ai pas le courage de faire son procès tant elle est belle, tant elle est fine, distinguée, spirituelle, de bon ton;

Et le danois, chien aux oreilles mutilées, chien aussi impertinent devant la voiture que le chasseur derrière, chien qui a failli tuer J.-J. Rousseau, en le renversant et en lui fendant la tête sur le pavé.

Il me reste à vous parler d'une histoire de chien, qui, pour ma part, m'a fort attendri. Mais je suis fort embarrassé pour vous spécifier son espèce, sa famille, sa figure. C'est le produit d'une de ces mésalliances qui, chaque jour, dans les rues de Paris, enfantent des figures de chiens qui ont découragé Buffon et l'ont fait décidément reculer devant leur nomenclature.

Il n'était ni petit, ni grand, plutôt maigre que gras, laid, sale et d'une couleur ou plutôt d'une nuance qui n'a de nom dans aucune langue.

Son maître et lui étaient deux misérables gueux, déjeûnant rarement, dînant par hasard et ne soupant jamais; couchant le soir sur la grève du quai d'Orsay, où l'on jetait la paille des vieilles paillasses des gardes du corps.

Un jour, le chien tomba malade ; son maître le mit chez un vétérinaire. Lui-même, mourant de faim, se fit soldat et fut emmené à deux cents lieues de Paris.

Au bout de six mois, il reçut une lettre, timbrée peut-être de trente endroits différents ; car le pauvre homme n'avait jamais eu de domicile fixe que le quai d'Orsay, et encore ne l'y trouvait-on que de minuit à quatre heures du matin. Cette lettre était du vétérinaire, qui lui annonçait que, s'il ne venait pas payer le prix de la pension de Médor, ledit Médor serait vendu.

Il alla trouver son colonel, il lui raconta son affaire. Le colonel le crut un peu fou ; mais, le voyant pleurer, lui donna un congé et l'argent nécessaire pour racheter son vieil ami.

Le pauvre soldat arriva éclopé, pâle, hâve ; car il n'avait presque pas mangé sur la route pour ne pas entamer la rançon de Médor. Sans se reposer, il alla trouver le vétérinaire. Médor était vendu à un cloutier de la rue Saint-Marceau, et on l'employait à tourner la roue.

Le cloutier, étant content des services de Médor, refusa de le revendre et chassa de sa boutique le soldat, dont les caresses et la seule présence empêchaient Médor de tourner dans sa roue.

Cependant, le lendemain, il revint, n'osant plus entrer, mais regardant de loin. Médor le reconnut et s'arrêta. Alors le cloutier le piqua avec le fer rouge qu'il tenait. Médor poussa un cri déchirant et recommença à tourner.

Pour le soldat, il partit en pleurant et ne revint plus.

LES CHIENS DES ESQUIMAUX.

Jamais on ne rencontre les Esquimaux sans une escorte convenable de beaux chiens à l'épaisse toison, à la queue qui se relève en arrière comme un mouvant panache. C'est dans ces contrées surtout que ces fidèles animaux méritent leur surnom d'amis de l'homme ; car, au milieu de la désolation qui l'entoure, l'homme ne trouve ailleurs aucun être animé dont il puisse apprivoiser le naturel farouche. Le chien seul se rapproche de lui : il est pour les Esquimaux ce que le renne est pour les Lapons.

C'est un humble esclave, qui murmure mais ne se révolte point, dont le corps fléchit sous les coups du maître impitoyable sans que sa fidélité en soit ébranlée. Les femmes surtout exercent un empire extraordinaire sur ces dociles animaux ; car, elles, leurs manières sont plus affables, leurs soins ne manquent jamais au pauvre chien quand il souffre, et ce sont leurs mains qui lui apportent la pâture quand la faim le tourmente.

Nous rions, lorsque sur notre chemin se présente le burlesque charriot auquel un mendiant a maladroitement attelé le dogue qui doit le traîner par la ville : l'équipage d'un riche Esquimau est, ma foi, bien plus plaisant et bien plus ingénieux.

Durant un long hiver, les chiens ont mené dure vie : à peine si les provisions suffisaient à nourrir une famille nombreuse, et les pauvres animaux n'avaient que les débris chétifs de repas fort maigres déjà. Mais voici l'été : il est temps de quitter les huttes de glace où la froide saison avait rélégué toute la peuplade. On prépare les traîneaux. Puis les femmes réunissent les bêtes nécessaires à l'attelage ; et, tout en les flattant de la main, elles enlacent leurs cous et leurs jambes dans de fortes lanières de cuir dont l'extrémité les rattache au véhicule. Dix ou douze chiens sont ainsi rangés par couples sur une file que doit guider, de la voix et du fouet, un cocher qui, les jambes en l'air, va se percher sur le bord antérieur du traîneau. Tout est prêt : la famille se groupe tant bien que mal sur l'informe plateau où chacun doit trouver place, et l'on part.

La meute capricieuse est difficile à mener. Ceux-ci flairent sur la droite quelques débris de poisson dont l'odeur allèche leur appétit si long-temps éprouvé ; ceux-là grognent à l'oreille de leurs voisins et manifestent leur mauvaise humeur par des coups de patte ou de geule. Rude est la tâche de celui que l'on a chargé de discipliner leur marche irrégulière.

Cependant ces voyages sont quelquefois très-rapides. Lorsqu'il existe déjà certaines traces d'une route frayée, soit par les pas d'un piéton, soit par le frottement d'un traîneau, les chiens suivent avec une rare sagacité, même au milieu de la nuit, la voie où ils sont ainsi lancés : c'est le chef de file qui les conduit. Mais, quand la neige n'a pas encore été foulée, ce n'est qu'après maints circuits hasardés que l'équipage arrive au but. Pour comble d'embarras, le cocher souvent est obligé de se lever pour tirer le traîneau des mauvais pas où l'engagent des coursiers maladroits. Du reste, à moins que la route ne soit bien plane et unie, il faut toujours que son pied vienne imprimer au traîneau une direction convenable, soit dans un sens, soit dans un autre.

Six ou sept chiens peuvent traîner, sur un chemin facile, un poids de 800 à 1000 livres, à raison de 7 ou 8 milles par heure, et cela durant une bonne partie de la journée. Si le poids est moindre, leur course sera tellement rapide qu'à peine pourra-t-on la modérer: ils feront jusqu'à dix milles dans une heure.

Mais ces utiles animaux assistent encore leurs maîtres dans maintes circonstances : ils les accompagnent à la chasse et les mettent sur la piste du renne, dont ils reconnaissent la présence à plus d'un quart de mille de distance ; ils savent, grâce à la subtilité de leur odorat, découvrir le gîte éloigné où le veau marin se retire ; et leur ardeur est admirable dans les combats qu'ils aiment à livrer contre l'ours polaire. Telle est leur haine pour ce terrible adversaire, que le mot nennook, par lequel les Esquimaux le désignent dans leur langage, est souvent employé pour les exciter à la course. Deux ou trois chiens, conduits par un homme, attaquent sans crainte l'ours le plus monstrueux.

A peine pourtant si cette espèce de chiens atteint une hauteur de 20 à 22 pouces, tandis que sa longueur moyenne, de l'occiput à la queue, est tout au plus de deux pieds à deux pieds trois pouces. Sa couleur est blanche; souvent c'est un mélange du noir et du blanc, quelquefois un noir uniforme. Sa nourriture est la même que celle de ses maîtres, mais la nécessité l'a rendu plus sobre encore que ceux-ci : les habitans de nos écuries sont moins utiles et plus coûteux.

LE CHIEN DE MONTARGIS.

Il n'est aucune chose au monde dont l'existence n'ait été contestée, au moins une fois, et ne fût-ce que par une seule personne. Certains philosophes nient la matière ; d'autres nient l'esprit ; d'autres se nient eux-mêmes : il n'est donc pas surprenant que des critiques, d'ailleurs très-instruits, aient nié successivement la plupart des grands personnages ou des grands événemens historiques. Résumant tous les doutes émis seulement depuis trois cents ans, on trouve qu'il n'est pas une des traditions historiques un peu anciennes qui puisse être complètement prouvée, et à l'abri de toute contestation. Cependant, si douter est souvent une nécessité, dans des limites raisonnables croire est un besoin ; le scepticisme absolu mène à l'égoïsme, à la mort intellectuelle , comme une crédulité sans bornes mène à l'esclavage de l'âme et du corps, à l'absurde.

Parmi les faits peu importans de notre histoire, qui ont été hautement relégués au nombre des contes , nous remarquons le combat du chien de Montargis.

A quoi bon mettre en question cette sorte de jugement de Dieu ? nous l'ignorons. Il ne nous paraît point nécessaire de nous prononcer pour l'affirmative ou la négative ; inventée ou réelle, l'anecdote est curieuse. En l'arrangeant pour les almanachs et les théâtres, on l'a quelque peu altérée ; nous la transcrivons telle que le bénédictin Bernard de Montfaucon l'a extraite du Théâtre d'honneur et de chevalerie, de La Colombière, tom. II, pag. 300, chapitre XXIII.

« Il y avait un gentilhomme, que quelques-uns qualifient avoir été archer des gardes du roi Charles V, et que je crois devoir plutôt qualifier gentilhomme ordinaire, ou courtisan, pour ce que l'histoire latine, dont j'ai tiré ceci, le nomme Aulicus ; c'était, suivant quelques historiens, le chevalier Macaire, lequel étant envieux de la faveur que le roi portait à un de ses compagnons, nommé Aubry de Montdidier, l'épia si souvent qu'enfin il l'attrapa dans la forêt de Bondy, accompagné seulement de son chien (que quelques historiens, et nommément le sieur d'Audiguier, disent avoir été un lévrier d'attache), et trouvant l'occasion favorable pour contenter sa malheureuse envie, le tua, et puis l'enterra dans la forêt, et se sauva après le coup, et revint à la cour tenir bonne mine. Le chien de son côté ne bougea jamais de dessus la fosse où son maître avait été mis, jusqu'à ce que la rage de la faim le contraignit de venir à Paris où le roi était, demander du pain aux amis de son feu maître, et puis tout incontinent s'en retournait au lieu où le misérable assassin l'avait enterré ; et continuant assez souvent cette façon de faire, quelques-uns de ceux qui le virent aller et venir tout seul, hurlant et plaignant, et semblant, par des abois extraordinaires, vouloir découvrir sa douleur, et déclarer le malheur de son maître, le suivirent dans la forêt, et observant exactement tout ce qu'il faisait, virent qu'il s'arrêtait sur un lieu où la terre avait été fraîchement remuée ; ce qui les ayant obligés d'y faire fouiller, ils y trouvèrent le corps mort, lequel ils honorèrent d'une plus digne sépulture, sans pouvoir découvrir l'auteur d'un si exécrable meurtre. Comme donc ce pauvre chien était demeuré à quelqu'un des parens du défunt, et qu'il le suivait, il aperçut fortuitement le meurtrier de son premier maître, et l'ayant choisi au milieu de tous les autres gentilshommes ou archers, l'attaqua avec une grande violence, lui sauta au collet, et fit tout ce qu'il put pour le mordre et pour l'étrangler. On le bat ; on le chasse ; il revient toujours ; et comme on l'empêche d'approcher, il se tourmente et aboie de loin, adressant les menaces du côté qu'il sent que s'est sauvé l'assassin. Et comme il continuait ses assauts toutes les fois qu'il rencontrait cet homme, on commença de soupçonner quelque chose du fait, d'autant que ce

20.

pauvre chien n'en voulait qu'au meurtrier, et ne cessait de lui vouloir courir sus pour en tirer vengeance. Le roi étant averti par quelques-uns des siens de l'obstination du chien, qui avait été reconnu appartenir au gentilhomme qu'on avait trouvé enterré et meurtri misérablement, voulut voir les mouvemens de cette pauvre bête, l'ayant donc fait venir devant lui, il commanda que le gentilhomme soupçonné se cacha au milieu de tous les assistans qui étaient en grand nombre. Alors le chien, avec sa furie accoutumée, alla choisir son homme entre tous les autres ; et comme s'il se fut senti fort de la présence du roi, il se jeta plus furieusement sur lui, et par un pitoyable aboi, il semblait crier vengeance et demander justice à ce sage prince. Il l'obtint aussi ; car ce cas ayant paru merveilleux et étrange, joint avec quelques autres indices, le roi fit venir devant soi le gentilhomme, et l'interrogea et le pressa assez publiquement pour apprendre la vérité de ce que le bruit commun, et les attaques et aboiemens de ce chien (qui étaient comme autant d'accusations) lui mettaient sus ; mais la honte et la crainte de mourir par un supplice honteux, rendirent tellement obstiné et ferme le criminel dans la négative, qu'enfin le roi fut contraint d'ordonner que la plainte du chien et la négative du gentilhomme se termineraient

par un combat singulier entre eux deux, par
le moyen duquel Dieu permettrait que la vérité
fût reconnue. Ensuite de quoi, ils furent tous
deux mis dans le camp comme deux champions,
en présence du roi et de toute la cour : le gentilhomme armé d'un gros et pesant bâton, et
le chien avec ses armes naturelles, ayant seulement un tonneau percé pour sa retraite, pour
faire ses relancemens. Aussitôt que le chien
fut lâché, il n'attendit pas que son ennemi vint
à lui ; il savait que c'était au demandeur d'attaquer ; mais le bâton du gentilhomme était
assez fort pour l'assommer d'un seul coup,
ce qui l'obligea à courir çà et là à l'entour de
lui, pour en éviter la pesante chute ; mais enfin
tournant tantôt d'un côté, tantôt de l'autre, il
prit si bien son temps, que finalement il se jeta
d'un plein saut à la gorge de son ennemi, et s'y
attacha si bien qu'il le renversa parmi le camp,
et le contraignit à crier miséricorde, et supplier
le roi qu'on lui ôtât cette bête, et qu'il dirait tout.
Sur quoi les escortes du camp retirèrent le chien,
et les juges s'étant approchés par le commandement du roi, il confessa devant tous qu'il avait
tué son compagnon, sans qu'il y eût personne
qui l'eût pu voir que ce chien, duquel il se
confessait vaincu....

FIN.

TABLE DES MATIÈRES.

—

FIN DE LA TABLE.

9 782329 328775